大学物理教学研究

刘礼书　著

延边大学出版社

图书在版编目（CIP）数据

大学物理教学研究 / 刘礼书著. -- 延吉 ： 延边大
学出版社，2022.7
ISBN 978-7-230-03510-1

Ⅰ．①大… Ⅱ．①刘… Ⅲ．①物理学－教学研究－高
等学校 Ⅳ．①O4-42

中国版本图书馆 CIP 数据核字(2022)第 127149 号

大学物理教学研究

著　　者：刘礼书
责任编辑：王思宏
封面设计：品集图文
出版发行：延边大学出版社

社　　址：吉林省延吉市公园路 977 号　　　邮　编：133002
网　　址：http://www.ydcbs.com
E-mail：ydcbs@ydcbs.com
电　　话：0433-2732435　　　　　　　传　真：0433-2732434
发行电话：0433-2733056　　　　　　　传　真：0433-2732442
印　　刷：北京宝莲鸿图科技有限公司
开　　本：787 mm×1092 mm　1/16
印　　张：9.75　　　　　　　　　　　字　数：200 千字
版　　次：2022 年 7 月　第 1 版
印　　次：2022 年 9 月　第 1 次印刷
ISBN 978-7-230-03510-1

定　　价：68.00 元

前　言

作为一门传统的学科，大学物理是众多理工科专业的基础，对推动科技进步起着至关重要的作用。本书围绕大学物理教学改革，从教学内容、教学手段、教学形式等方面进行阐述。对学生而言，本书可以激发学生学习物理的兴趣，进而吸引学生积极主动地学习大学物理相关知识，提高学生对大学物理相关知识的综合运用能力；对教师而言，本书可以帮助教师提高大学物理课程的教学能力。需要指出的是，大学物理教学改革是一个循序渐进的过程，要做到与时俱进，才能更好地培养人才，服务社会。

由于大学物理涉及内容广泛，而理工专业学科众多。在有限的教学课时内，如若兼顾所有物理学研究内容，一是学而不精，二是容易顾此失彼。因此，应当按照专业相近程度，对大学物理教学内容进行合理的取舍。如针对材料科学与工程、化学与工程、环境与工程等学科，适当增加热学、量子物理部分的教学内容；针对机械工程、土木工程、建筑环境与设备工程等学科，适当增加牛顿力学部分的教学内容；对通信工程、电子信息与工程等学科，适当增加电磁学部分的教学内容。这样，即使在有限的教学时间内，仍然能够使学生掌握其就读专业所需的物理专业知识。

为激发学生的学习兴趣，可适当提高物理教学的趣味性、增加物理学史等内容。物理课程不同于其他课程，它需要学生进行严谨的逻辑推导和数学运算，学习过程比较枯燥，难于吸引学生。因此，适当提高物理教学的趣味性，可以大大激发学生学习兴趣，提高学生学习物理的动力。回顾物理学史，里面包含着无数具有趣味性的物理实验，以及物理谬论引发的各种有趣的讨论，同时，很多物理学专家本身就幽默风趣。将这些有趣的故事适当引入课堂，有助于缓解枯燥的物理教学，激发学生学习物理的兴趣。

为了提高本书的学术性和严谨性，在撰写过程中参阅了大量的文献资料，引用了诸多专家学者的研究成果，因篇幅有限，不能一一列举，在此一并表示最诚挚的感谢。由于时间仓促，加之笔者水平有限，在撰写过程中难免出现不足的地方，希望各位读者不吝赐教，提出宝贵的意见，以便笔者在今后的学习中加以改进。

目　　录

第一章 大学物理教学概述

第一节 中国物理教育的起源和发展

一、物理教育的萌芽

物理现象是自然界发生的最为普遍的现象之一。它不仅时刻伴随着人类的生活和生产活动，还时刻影响着人类的生活和生产活动。可见，物理知识不但广泛存在于自然界之中，而且与人类的生活和生产活动密切相关。火的发明和利用、工具的制造、兽力和各种自然力的利用、手工业的发展和技术的进步，等等，每一个环节都蕴涵着物理知识。人类在共同生活和生产活动过程中，不仅要团结协作，还必须进行多种形式的交流，尤其是为了更有效地从自然界获得生活需要的物质资料，维持人类生存，人们必须将自己积累的生活经验和生产经验传授给他人和下一代，在传授生活经验和生产经验的同时，也传授了其中的物理知识内容，这实质上就是物理教育的萌芽。

在人类生活的早期阶段，生产力水平极为低下，人们大多数只能依靠自身的体力直接从自然界获取所需的物质资料，人类也只能积累十分有限的直接生活经验。这个时期，各个门类的知识还不可能从经验中分离出来，也不可能产生并分化出专门的教育。因此，从严格意义上讲，此时既不可能产生真正意义上的物理学，也不会形成物理教育。但是，人们在集体生产和集体生活过程中，结合生产劳动和实际生活经验，以口耳相传和示范等形式向他人和下一代传授直接经验，因为物理知识与人们的直接经验紧密结合，不可分割，所以在传授直接经验的同时，也传授了物理知识。从这个意义上讲，其实质上也可以算是物理教育的开端。

二、中国古代的物理教育

中国的物理教育有着漫长的历史，其发展与科学技术和生产力发展水平密切相关，同时也受到社会政治、文化方面的深刻影响，留下了社会发展的时代烙印。在中国古代，物理知识主要表现为人们在生产实践活动中，通过技术的运用对物理现象的观察和定性描述。

中国是具有悠久历史的文明古国，中华民族是勤劳智慧的民族。早在古代，中国人民就用自己的聪明才智创造出了光辉灿烂的古代文化和科学技术，同时涌现出众多哲人、科学家、发明家和大批的能工巧匠。他们不仅促进了中国古代的手工业和文化艺术的发展，还在一个相当长的历史时期内使中国的科学技术处于世界领先地位，在生产和生活实践中积累了大量的感性物理知识。除此之外，人们利用实验手段自觉地探索物理规律，形成了各种观点和学说，通过著书立说，以文字的形式在一些哲学和科学著作中对物理知识进行记录和描写。《墨经》《考工记》《论衡》等著作就是这方面的代表作和例证。从严格意义上讲，中国古代并没有形成科学的、真正意义上的物理知识，更谈不上形成独立的物理学科及学科体系。人们的物理知识仅仅是结合生产、生活经验和技术，对物理现象的经验性的感性认识，只是停留在对物理现象的定性描述阶段，有关物理方面的论述也只是零散地分布于不同著作之中而已。尽管如此，中国古代人民毕竟在他们所处的时代，结合具体的生活实践和生产技术观察并描述了涉及力学、声学、热学、光学和电磁学等多方面的物理知识，并且这些认识在当时都处于世界科技发展水平的领先地位，促进了人类文明的进步和发展，也为物理学科的发展做出了一定的贡献。

综上所述，中国古代人民在生活和生产活动实践中，在创造出灿烂的古代文化、促进科技发展的同时，认识并产生了丰富的物理知识。此阶段的物理知识没有也不可能形成完整的学科知识体系，主要表现为人们在生产和生活实践过程中对物理现象的观察和定性描述，其主要特征表现在两个方面：

第一，中国古代的物理知识与人们的生活和生产实践密切结合，还没有从生产、生活实践及手工业技术中分化出来，具有极强的功用性；

第二，虽然中国古代的物理知识涉及面比较广，但是大多数物理知识只是人们对物理现象直接观察的感性认识和描述，缺乏具体的分析和科学的论证，也没有应用科学的研究方法。虽然中国古代有相当数量的关于物理方面的著作，但总体来说，理论探讨浮浅，未能使物理学形成一门学科，并且论述不系统，有关物理方面的讨论只是零散地分布在一些哲学和科教著作之中。

中国古代的学校教育虽然有一定的发展，但是，在封建社会中，由于受私学和科举制度的束缚，学校教育重古文经史，轻自然科学，并且物理学在当时还未能形成独立的学科体系，所以真正意义上的学校物理教育还没有形成。不过，这一时期的物理教育也有其独特的方式和途径。

第一，中国古代的物理教育是结合手工业科技教育进行的。不管人们是否意识到，手工业的生产技术都广泛地运用了物理知识。因此，人们在传授具体生产知识和手工业技术的同时，也传授着其中的物理知识。古代传授具体生产知识和手工业技术的主要形式是家业世传和学徒制，由此物理教育的显著特点表现为言传身教，即师父在实践活动中做示范，一边干活一边教学，学徒一边干活一边学习，通过实践活动掌握所学内容，即在传授具体生产知识和手工业技术的过程中不自觉地进行着物理教育。

第二，通过著书立说和制作实物传播物理知识、进行物理教育。中国古代的许多著作里都蕴涵着丰富的物理知识，如《墨经》《考工记》《梦溪笔谈》等就是蕴涵物理知识的代表作。除此之外，中国古代人民发明、制造了大量的科学仪器和实用的生产、生活工具，如浑天仪、地动仪、指南匙、记里鼓等，它们都是根据一定的物理原理制成的。因此，随着各种书籍、学说和实物的流传，物理知识也被广泛传播。

第三，通过举办私学和聚徒讲学传授物理知识、进行物理教育。私学产生于春秋时期，学有专长的士子举办私学、招收弟子，在他们的讲学中也包含物理知识的内容。例如，《墨经》中包含了力学、声学和光学方面的物理知识。在讲学的同时，墨家学派便对弟子进行了物理教育。再如，明末清初的思想家颜元，在其主持的漳南书院中，曾设有水学、火学等科目。

上述传授物理知识的三种途径都是当时历史条件下的产物，它们的共同特点是：物理教育寓于其他具体生产知识和手工业技术的传授过程之中，并且时断时续，缺乏连贯性和系统性，往往是不自觉地进行着物理教育。从严格意义上讲，这些还不是真正的物理教育，只能看成是物理教育的孕育过程。

第二节 大学物理教学的理论框架

学习应该善于一以贯之，这样所学的知识才能形成体系。如何能做到这一点？用理论的结构框架将知识系统化就是一个重要方法，并且在这一过程中进行的思考也非常有利于知识的消化和吸收。理论的结构框架对于学习者来说就如同樵夫砍柴的绳子，可以用它将学习者"砍的柴"捆好。本节从运动学和动力学的视角对物理理论的结构框架进行探讨，同时探讨了它在学习和研究中的意义及在教学实践中的应用等问题。

一、物理理论的结构框架及其作用

（一）物理理论的结构框架

一个理论体系的基本框架往往由成运动学和动力学两个部分组成。一个理论体系的运动学一般引入物理量来描述研究对象，并给出这些量之间的关系，而动力学则是从实践中总结出定律，由定律解释这些物理量是如何变化的。以质点力学为例，在质点运动学中引入位置、速度、加速度、能量、动量和角动量等物理量来描述质点的运动，并给出了这些物理量之间的关系；在质点动力学中，牛顿定律解释了这些物理量是如何变化的，对由牛顿第二定律所得到的加速度积分就可以知道速度和位置是如何随时间变化的，再由这些物理量之间的关系，就可以知道能量、动量和角动量是如何随时间变化的。搞清楚描述质点的这些物理量和它们是如何变化的，质点运动的问题也就能被描述清楚了。其他理论中一般没有相应的运动学和动力学的称呼，但往往都可以划分出运动学部分和动力学部分。

物理量是人为引入的，不同的物理量具有不同的特点，解决问题的方便程度也不一样。在漫长的物理学发展过程中，不同的人研究相同的问题时所引入的物理量也不完全相同。那些有独特优势、便于解决问题的物理量逐渐被人们普遍采用，如动量、能量和角动量等。给出物理量之间关系的方式如下。

第一，由物理量的定义直接得出。如位置、速度与加速度之间的积分和微分关系，速度与动量之间的关系，速度与动能之间的关系，位置和速度与角动量之间的关系等。

第二，选取一个特殊的无穷小路径、无穷小面积元或者无穷小体积元等，利用无穷小概念的优势来推导出物理量之间的关系。例如，电势与电场强度之间的梯度关系、欧姆定律的微分形式、极化强度矢量与极化电荷面密度之间的关系，以及磁化强度矢量与磁化电流面密度之间的关系等。

解释这些物理量如何变化的定律是由实践总结而来的，它反映了客观世界的运行规律。但毕竟这些定律是由人们总结出来的，由于客观物质条件的限制和人们的认识存在一定的历史局限性，因此这些定律与客观实际之间不可避免地存在一定偏差。随着物理技术手段的不断提高，人们的实践活动也逐步深入，与这些定律不相符的现象就可能会出现，人们就需要提出新的假说，新的假说经得起实践的检验就成为新的定律。可见定律的发展是一个逐渐逼近客观真理的过程，正如狭义相对论指出牛顿定律是物体在低速情形下的近似理论一样。

（二）物理理论的结构框架在学习和研究中的作用

知识不应该是零散的，应该是系统性的，理论结构框架就是将知识系统化的一个重要方法。在学习一个理论时，搞清楚它引入哪些变量来描述研究对象、这些变量之间的关系是什么，以及能解释这些变量是如何变化的定律是什么，所学理论的基本轮廓就清晰了，这对于学习者来说是非常重要的，否则就成了瞎子摸象。在将知识系统化的过程中所进行的思考也非常有利于对知识的消化和吸收，因而知识系统化的过程同时也是知识被消化和吸收的过程。即便不是研究物理学，也可以效仿物理学的这一理论结构框架来分析问题，即引入变量来描述研究对象并给出它们之间的关系，之后由实践总结出假说（经得住实践检验的就是定律）解释这些变量是如何变化的，从而将所要研究的问题描述清楚。

二、理论结构框架在大学物理教学中的具体实践

由于理论结构框架是将知识系统化的一个重要方法，并对知识的消化和吸收起重要作用，在素质教育的大环境中，它应该在大学物理教学中得到广泛的应用。这里首先列举两个比较典型的案例，然后介绍在大学物理教学实践中的几点体会。

（一）理论结构框架的教学案例

（1）案例1：用理论结构框架分析大学物理中所讲的量子力学。在量子力学中没有"量子运动学"和"量子动力学"这样的名称，但在量子力学中可以划分出运动学部分和动力学部分。波函数、力学量的算符表示和状态

叠加原理属于量子力学的运动学范畴，这部分内容给出了量子力学研究问题所引入的物理量和它们之间的关系。薛定谔方程则属于量子力学的动力学部分，它解释了波函数是如何随时间变化的，由于各个力学量的平均值是由力学量算符作用在波函数上得到的，因此了解清楚波函数是如何变化的，也就能明白各个力学量是如何变化的。

（2）案例 2：用该理论结构框架分析大学物理中所讲的电磁学。虽然在电磁学中没有"电磁运动学"这样的名称，但电磁学中有运动学部分。比如，在电磁学中为描述电磁场所引入的物理量：电场强度矢量、电势、电位移矢量、磁感应强度矢量、磁场强度矢量、极化强度矢量和磁化强度矢量等。再如，电场强度矢量与电势之间的积分和微分关系、电场强度矢量与电位移矢量的关系、磁感应强度矢量与磁场强度矢量的关系等，这些物理量之间的关系都在电磁学中有明确表述，上述内容构成了电磁学的运动学部分。麦克斯韦方程组是电磁学的动力学部分，它可以解释这些物理量是如何变化的。

（二）大学物理教学实践中要注意的问题

（1）用该理论结构框架将所讲授的知识联系起来。学习知识要有系统性，讲授知识同样需要有系统性，在大学物理教学实践中，需要将知识的内在联系挖掘出来，所以该理论结构框架也是教师将所讲知识系统化的一个重要方法。

（2）知识之间的承接和转换是将知识系统化的关键步骤，在这一步骤中应用该理论结构框架将会收到非常好的效果。

（3）采用引导的方式进行教学。在讲清楚该理论结构框架的内涵之后，应该采用引导的方式进行教学。例如，学生在学习一门新理论时，能不能思考以下问题：该理论引入了什么变量来描述研究对象，这些变量之间的关系是什么，哪个定律能解释这些变量是如何变化的。如果学生能进行这样的思考，其脑海当中就能形成清晰的轮廓，学习也就不再是简单的被动接受知识的过程。

将理论结构框架应用于教学中，可以使教师所讲授的知识具有系统性，使知识之间的承接和转换变得顺畅。在提倡素质教育的大环境下，大学物理的教学不应该只讲知识而不讲思考方法，该理论结构框架可以像一个分析工具一样被各位同人在教学中采用，被广大学生了解，并应用于学习和研究中。

第三节 大学物理的学科地位

关于大学物理课程的地位和作用的各种论述，多是从物理与技术、物理与社会发展的关系角度切入的，其立场和价值取向多为知识本位和社会本位。本节则从个人本位的视角来探讨在知识经济和信息社会的时代背景下，大学物理课程在高等教育中对人的发展应该承担的责任。

高等教育及其课程的三种价值取向：社会本位、知识本位和个人本位。其中社会本位是前提，知识本位是条件，个人本位是目的。培养人、完善人、成就人的全面发展是大学及其课程的最高使命。无论是追求高深的学问还是为社会发展服务，都应围绕着人的全面发展进行。这种观点是人本视角研究的基本立场和出发点。

一、课程定位的历史沿革和现状

大学物理是中国高等院校中理工科类非物理专业的基础课，是高等院校中科学类课程的典型代表。该课程在中国高等教育中的引入，可以一直追溯到中国近代高等教育的起源时期。19 世纪末，在"中学为体，西学为用"的思想指导下，引进了西方的科学类课程。1952 年以前，中国的高等院校大体上借鉴当时美国的高等院校的课程设置方式，工、医、农等专业都开设 1 年的物理基础课，此时课程有着一定的通识教育内涵。1952 年之后，物理基础课随专业教育的不同需要而出现分化，课程学时从 180 小时到 110 小时再到 80 小时不等，物理教育整体上渐渐呈现出不断被弱化、不被重视的尴尬局面。

物理课程在大学教育中的地位和作用如何呢？学界比较统一的看法是：大学物理课程兼有物理基础知识教育和科学素质教育两种基本作用，是后续专业课程的基础，具体如下。

（1）从课程引入的出发点——功利主义的视角来看：物理学为自然科学和工程技术提供了理论依据、工作语言、思维方法和实验手段，是科学技术进步和创新的源泉。无论是从知识的发展和创新（知识本位的价值取向），利用科技增强国家综合实力，推动社会发展（社会本位的价值取向）的角度，还是从人的发展，提高人的科学素质（人本位的价值取向）角度，物理学都是有用的。

（2）从课程设置的定位——必修基础课来看：物理课程在大学本科大部分专业中具有不可或缺的基础地位，这一点在本科人才培养方案中基本上是强制性的规定。课程体系的纵向层级结构：基础课、专业基础课、专业课中，物理学处于基础课层次，是后续课程的基础。

（3）从课程的历史和现实状况来看，在看重通识教育、更着眼未来发展的精英教育阶段，基础课程不如专业课程重要，它只是为专业课程服务的工具，或者只是获得学分的工具。在大众化教育的今天，这种观点在学生中很有市场，可见，物理学课程实际上处于不太被专业教育和学生认同的尴尬地位。

回顾大学物理课程的发展脉络，可以看出功利主义对课程的深刻影响。随着功利主义倾向的不同转换，从社会功利到专业之功利再到狭隘的一己私利，物理学课程的现实地位不断下降，虽历经课程内外多次改革，亦难以摆脱现实的尴尬境况。究其原因，这种状况可能既与课程自身因素有关，也可能与高等教育模式和现实人才培养方案相关。

二、中国高等教育模式和现行人才培养方案面临的挑战

中国现代大学诞生于清末民初，大致经历了百余年的发展历程。其间，影响中国的高等教育模式大致可以归结为两种：一是美国通识教育模式，二是苏联的专才教育模式。1952 年之前以美国的通识教育模式为主导；1952 年至今，基本上以苏联的专才教育模式为主导。虽然从 20 世纪末开始，在中国部分高校进行了一些局部的通识教育模式改革，但改革效果有限。中国目前的高等教育模式依然是专才教育模式。社会功利主义的价值取向在大学发展进程中一直占据重要地位，这种价值取向适应了 20 世纪中国发展的需要。从精英高等教育直至大众化高等教育，百余年高等教育为中国的人才培养事业，为中国科技进步、国力增强做出了巨大贡献。

21 世纪，中国的高等教育面临巨大挑战，需要真正的触及教育本源问题的改革，如教育理念、教育体制、教育模式等的改革。现行的专才高等教

育模式和相应的人才培养方案还不能适应未来发展的需要。因此要从多维角度进行思考，使历史的、人的逻辑和工具的、物的逻辑在对立中走向统一，建立起以社会本位为前提，以知识本位为条件，以人本位为目的的正确价值取向，让成就人的全面发展成为大学的最高使命，让大学教育在学生的成长过程中发挥其应有的关键作用，促进学生的全面发展。

关于人的全面发展，中外教育家和思想家对此有过无数精辟的论断，如中国的仁义礼智信，德智体美劳，知情意行的统一等，又如美国发展心理学家、哈佛大学研究生院心理学教授霍华德·加德纳提出的多元智能理论。多元智能理论将智能分为语言智能、逻辑—数学智能、空间智能、音乐智能、身体-运动智能、人际关系智能和自我认识智能七种类型。诸如此类，不胜枚举。从根本上来说，一切教育其实都是通过对真善美的追求，成就人的全面发展，使人成为外和内协的"躯体、心智、情感、精神、心灵力量融会一体"的完整的人。人的成长、成熟事实上需要一生的时间，这应该是终身学习的真谛所在，而非仅仅针对飞速膨胀的知识。大学教育前继以应试为主要特征的中学教育，后接以自主学习为主要特征的自我教育。大学的责任应该是承前继后，弥补学生既往教育发展的不足，迎合现实成长的需要，并为今后的可持续发展构筑坚实的平台。大学人才培养方案的功能定位就是承担起大学教育的责任，将全面发展的目标细化成具体的方案。

大学人才培养方案要系统地思考全面发展的人该有的知识结构、能力结构和情感结构，以及大学教育该如何帮助学生成为全面发展的人，如何让专业成长和精神成人并行不悖，如何改变松散的课程结构，如何使各种教育资源协同作用，如何改变应试教育的影响，如何激发学生的自主学习欲望，又如何为学生未来进一步的学习和发展提供平台。而所有这些思考又必须建立在对学生发展的现状和对学生的成长需求的准确把握的基础之上。

三、大学生的成长需求分析

（1）大学生整体发展状况尚存不足：感受力较弱，缺乏洞察事物内在关系和本质的能力；对外界信息的感知多浮于表面，极易被事物的表象所迷惑；独立学习能力和思考能力较弱，因知识结构和思维模式的限制，对世界、自我、他人及他物的认识还过于简单和理想化，尚不能直面复杂的现实；情感和价值取向单纯易变，人际关系模式尚未确定，待人处世规则还不甚明晰；实践能力较弱，眼高手低，知行还未能统一。

（2）大部分学生期待大学教育不仅能使其获得立足社会所需的专业技能，还要能为其提供更为广阔的成长天地，使其获得全方位的发展。但是，学生此时的自我认同感不足、角色定位不准确，对自身的发展方向和重点还不清楚。不过，对未来的期待和迷惑正说明学生可塑性很强，大学教育能发挥作用的空间很大。通过大学教育，可以将一个不谙世事的懵懂学生培养成各方面协调统一的，具有较强自我发展能力的比较成熟的青年。

（3）从教育者的视角来看，大学教育应当注重学生的专业成长和精神成长的同步发展，帮助学生完成具有和谐人格的社会自我的基本架构。这种架构应涉及认知、情感、行为和意义等多个方面。具体来说，大学生的成长需求包括：①提升对外界事物的感受力和洞察力；②丰富认知结构，完善思维模式，培养独立学习能力，提升综合认知水平和思考力；③在完成专业成长的同时，为将来进一步的自我发展奠定必要的基础；④在世界观、人生观、价值观形成过程中得到正确的引导；⑤建立健康的心理平衡机制；⑥实践能力得到提升，达到学用结合，知行统一。

总之，大学教育不仅要使学生具备基本的专业素养，还要能使单纯稚嫩的学生脱胎换骨，成就更高境界的知情意行的统一，得到全面的发展。

四、大学物理课程在人才培养方案中的地位和作用

促进学生发展需要各种教育资源的协同作用。因此,人才培养方案的系统架构还需要能够准确把握各种教育资源的功能所在,包括课程、活动、环境等各种显性和隐性的教育资源。所以,从人本视角深入研究各类教育资源的功能和定位,不仅必要而且很有意义。

总体而言,由于物理学具有知识、思维、方法、精神和美学五个层面的人本价值内涵,它对人的和谐发展具有关键性作用。它可以通过美真并举来引领学生的精神成长,促进学生的身心发展;通过提升思维品质,调整学生的知识与能力结构;它还可以促进学生的自主学习能力的发展,提升学生未来发展的潜力,为创造力的进一步培育与激发奠定良好的基础。在大学人才培养方案中,它应被定位为通识类核心基础课。

与其他教育资源相比,针对学生发展的不足和需求,大学物理课程至少还有以下四方面独特的作用。

(一)提升洞察力,培养创新能力

大学物理学研究的是物质的基本结构、基本运动形式及相互作用,关注的是物质世界最为抽象的本质联系。物理学中从现象和实验层次到理论层次再到体系化理论层次,最后上升到最为抽象简洁的数学层次的螺旋上升,一层一层剥离表象,最后直达内在本质的过程,是训练学生直觉能力,提升其洞察力的绝好素材。大学物理教学过程可以由感性向理性、循序渐进地训练学生对抽象关系的感受力,提升其洞察力,为学生的创新能力培养提供直觉方式感知信息的必要训练。

（二）发展理性思维功能，提升学生的独立思考能力和判断力

大学物理学作为科学课程的典型代表，在发展学生思维这一理性功能上有着天然的优势。思维和情感与科学和人文好比人之双足，鸟之双翼，二者平衡发展才能成就和谐人生。人文解决人的情感、态度、价值观和人生观等问题，使人类在天地人的和谐共存中前进，不致为了一己之利迷失方向。而科学则提供对物质世界的认识，从微观到宏观，比如，物质世界的构成和运行。从力学、热学、光学和电磁学到相对论和量子论，在不断发展的理性思考过程中，学生的视野一点一点地被扩展，不断地发现旧理论的局限，不断地领悟新理论的创新。这个学习过程不仅促进了学生的理性思维功能的发展，更重要的是，它还帮助学生形成了批判思维意识，逐渐提高学生独立思考和判断的能力，这是大学教育中最为关键也最难突破的一点。

（三）提升科学认知层次，奠定科学基础

真实世界是具有非线性自组织特征的、不断生成的复杂世界，必须用同样具有复杂性和生成性的综合思维模式去面对。思维模式在对知识的学习和运用中形成，它的转换需要相应的知识结构的支撑。不同的知识结构对人们的思维活动具有不同的规范作用，过于简单和理想化的知识结构往往伴随着简单的线性思维，这也正是大学新生不能直面复杂的世界、有诸多不成熟表现的重要原因。知识结构被个体结合经验内化后形成个体的认知结构，而帮助学生形成良好的认知结构是大学教育的核心任务，因为这是后继学习的核心条件。通过完善认知结构来转换思维模式，提升学生的综合认知水平，是大学教育推动学生全面发展的主要路径。各种教育资源对此作用不一，其中又以课程的作用最为核心。

大学课程安排一般从基础课到专业基础课，再到专业课方向，知识逐渐往专业和应用的方向拓展。如果说专业课的主要作用是提升认知结构的应用性和现实性的话，那么基础课则是提升认知结构的层次性和可扩展性，并且，相较而言，基础课更决定着学生未来发展的后劲和潜力。大学物理发挥的是科学课程的作用，它能够提升学生的科学认知层次，为学生的认知结构奠定更为合理、开放的科学基础，能使学生的专业学习得以随之延续，更为其未来进一步的自我发展提供帮助。《礼记·大学》曰："致知在格物，物格而后知至。"大学物理学通过引领学生探究事物的原理来提升学生的认知层次，延展其科学基础。与中学相比，大学物理的研究内容更抽象、更普遍：从特殊到一般，从绝对到相对，从相对到统一，又从确定性到概率性，再到两者的统一。更为普遍的物质世界的本质究竟是怎样的，在不断地开放视域和深度追问中，大学物理架设起经验-知识-观念的桥梁，学生对物质世界的认知过程呈螺旋式上升模式。

（四）从科学角度引领学生精神成长，为其和谐人格的构建提供科学支撑

引领学生精神成长，帮助学生成长为"内协外和"的完整的人，是大学教育的责任所在。"内协"指个体认知、情感、行为、意义之间的同一性，"外和"则指这种同一性还要能被人类共同的情感、价值观所接纳。大学教育通过课程、活动和环境等各种教育资源从多个角度形成相互渗透，互为表里，协同作用的立体交叉网络，来推动学生和谐人格的构建。环境和活动制造氛围，烘托气氛，提供体验、交流和行动机会，使学生在真实的体验中成长；课程则从真、善、美、用（专业致用）多维角度切入，发展学生综合认

知能力，提高学生知行统一的水平。

艺术尚美，科学求真，道德向善。真善美统一，才有和谐发展。精神成长既需要道德的善来引导，艺术的美来感染，也需要科学的真来提供支撑。物理学从真的角度为学生提供知识、思维、方法等多个层面的精神食粮：它从知识层面让学生明白人在宇宙中的位置，天地人和谐相处的重要性，为学生形成正确的宇宙观、人生观打下基础；它从思维层面发展着学生的批判思维，培养学生不断超越过去的胆识和智慧；它从方向层面揭示人类理性认识不断递升的内在奥秘，使其心智得以超越漫长的科学发展史而飞速成长。

总之，物理学有其自身独特的魅力，大学物理课程也因此有着其他教育资源难以发挥的独特作用。在大学的人才培养方案中，它应被定位为通识类核心基础课。不过，在具有上述独特作用的同时，大学物理课程也有着自身难以克服的弱点：课程过度理性，使之经常远离学生的心灵，得不到学生的认同；课程还存在着工具逻辑和人的逻辑的内在冲突。一方面，在进行课程设置时不仅需要反思不足，努力走出既往单一的工具逻辑，结合人的逻辑和视角重新进行自我定位，不断从内提升自己。另一方面，也需要与人才培养方案中的其他课程建立联系，以协同作用于学生成长。科学和人文，基础和专业，课程和环境，对于学生成长的功用各不相同。其中任何一种教育资源的价值都既在于自身，也在于是否为其他价值的实现预留足够的空间，相互之间不能一味地挤压，更不能凌驾于他者之上。只有彼此协作，才能使学生的专业成长和精神成长并行不悖，才能真正地成就学生的和谐人格，实现大学教育的目标。

第四节 大学物理教学研究的基本任务和方法

一、大学物理教学研究的基本任务

（一）培养应用型人才

大学物理教学研究的基本任务之一就是培养应用型人才。

1.社会的需要

应用型人才指的就是可以对所学的专业知识进行熟练运用的人才，这类人才具有相当强的专业操作能力，一旦进入工作岗位就可以迅速投入工作。随着中国社会经济水平的不断提高，科学技术的不断发展，对人才的要求也在不断提高。理论知识丰富但实践能力不强的学霸、高才生，已经无法适应当今市场对人才的要求了。满足当今社会需要的人才，首先要兼具丰富的理论知识和实践经验。其次，要具有灵活敏捷的思维，自主创新能力强。最后，要充分掌握学科范围内的基础技能，具有良好的沟通能力。以上这三点要求，是当今社会对人才的要求，也正是对应用型人才的基本要求。

2.学科性质决定

在中国，凡是开设大学物理课程的本科院校,都属于应用型的本科院校，从这个角度上来看，大学物理课程的教学目的就在于培养应用型的人才。物理这门学科本身就是一门应用型的学科，而物理学又是一切自然科学和工程技术的基础，所以在大学的物理课程中，以培养应用型人才为目标展开教学工作是十分有必要的，也是由物理学这门学科的基本性质所决定的。

（二）以培养应用型人才为目标，促进大学物理教学改革

1.改变传统的教学观念，注重素质教育

大学在教学方面更注重对学生的专业技能和其自身素质的培养，以增强学生的社会适应能力，满足社会主义经济建设和社会发展的需要。因而，只有改变传统的教学观念，才能培养出适合社会发展需要的人才。

第一，要明确物理学的本质，要把物理学的理论知识与实验学习放在同等重要的位置来看待，重视对新实验的发现，通过实践来检验新理论知识的正确性，将理论知识转化为实践成果。物理学是一切自然学科的基础，是其他自然学科发展的根本，只有不断吸收现代科技发展的新成果，才能保证物理教学的内容始终处于领先的水平。从这些方面来看，掌握大学物理学知识，运用将理论与实践相结合的教学模式，对于应用型人才的培养是很有好处的。

第二，传统的教学模式都是通过对知识点的讲解与分析来传授知识的，在教学的过程中，难免会出现理论重于实践的情况。对于学生而言，这样会使学生对理论知识的权威性产生不容置疑的态度，不利于培养学生发现问题和解决问题的能力，以及自主创新能力，导致学生无法进行良好的学习与和进一步的发展。所以，当今时代对于人才的培养，更注重学生适应实际工作的能力，自我学习能力，这些能力能够帮助学生掌握更多、更新的知识，提高自身的市场竞争力。因此除了丰富学生的理论知识外，还要增强对学生实际工作能力的培养。

2.因材施教，构建课程体系

不同专业的学生对知识的需求不同，在教学的过程中应该因材施教，针对不同专业学生的需求对教学内容进行优化，构建以培养学生能力为主要内容的应用型本科基础物理课程体系。在新的课程体系中，要充分发挥物理类课程的整体教育优势，对课程进行优化重组，重点表现在文科与理科的渗透、工科与理科的结合、实验与理论的融合这几个方面。在文科专业中渗透物理类课程，即要在全校文科的各个专业中开设物理专业的基础课程。由于文科专业的基本特征，在文科的物理课程学习中，要以知识、概念、方法的学习为主，着重培养学生的物理学素养和正确的科学观，使学生对科学感兴趣。在丰富学生知识的同时，适当对现代科学技术的发展做一些讲解，让学生可以清楚地意识到物理学在科学发展中起到的重要作用。文科专业注重人文教育，在其中开设物理学相关课程，有助于两种学科文化的相互融合，促进应用型人才的培养。

从专业的角度讲，物理学本身就属于理科专业，所以在理科各专业开展物理学普及教育的过程中，可以为物理学的爱好者专门开设物理类的课程。通过理论知识的培养和物理学相关知识的学习，帮助学生建设专业平台，培养应用型人才。大学物理实验是科学研究的缩影，是培养应用型人才的科学素质和动手能力的开端，传统物理实验多属于验证性实验，综合性、设计性、应用研究性实验内容不足，物理学的新发展与新应用方面的内容更是极少，很难激发学生的学习兴趣，不利于培养应用型人才。为此进行实验教学内容与平台建设，实验项目的建设应与物理课程新体系的教学内容改革相配套，加强理论教学与实验教学的结合；减少验证性实验增加综合性、创新性实验项目；构建新的实验课程体系；增加能够提高学生动手能力的实验项目；增加基础物理实验的现代技术的含量。通过重组、优化、整合等措施，构建五大实验教学平台，即物理演示实验平台、基础物理实验平台、综合物理实验平台、计算机仿真实验平台和探索性的自主开放实验平台。

综上所述，大学物理教学的改革，经过多年的研究和教学实践工作，已经取得了一部分的成效。但是，不可否认，在大部分的专业院校中，物理课程的教学还是以传统的教学模式和教学理念在进行。所以，大学物理教学的改革工作任重而道远。对于应用型人才的培养，不仅是对大学物理课程教学的要求，也是对大学其他专业课程教学的基本要求。通过制定基本的改革方案，确定应用型人才的培养模式和培养方法，建立以培养学生的实际工作能力为重点的应用型本科基础物理课程体系，构建一套完整的实验教学平台，为中国特色社会主义建设培养出更多理论扎实且实践经验丰富的应用型人才。

二、大学物理教学研究方法

（一）课堂导入

作为课堂教学和思维的开始，课堂导入是非常关键的阶段。以前的大学物理教学对课堂导入重视不够，也很少有人对其进行深入的探索。近年来，随着新时期大学物理教学改革的深化，课堂导入显得尤为重要。一堂课能否成功很大程度上取决于本节课的导入。好的课堂导入可以激发学生的学习兴趣和学习动机，调动学生学习的积极性，关系着学生学习这一节课的效果。如果课堂导入成功，学生就会兴趣盎然、精力集中、思维活跃，对知识的理解和记忆的效率就会相应提高。课堂导入的方法是很多的，结合大学物理课程的特点，有实验导入法、物理学史或故事导入法、游戏导入法、个人经历导入法，等等。因此，结合每一节课的特点巧妙地安排课堂导入是每一位教师需要慎重考虑的问题。

物理是一门实验与理论相结合的课程，许和生产实践。因此用实验进行物理课的导入是一种常见的教学导入方式，特别是通过一些有趣的小实验，可以把学生的注意力一下子吸引到课堂上来。要重视利用物理实验在教学中带给学生感观的刺激，激发学生学习的兴趣。例如，在讲解驻波时，可以先给学生演示一些小实验，如鱼洗等，生动有趣的实验很容易吸引学生的注意力，学生对这些现象产生好奇，自然地就会想知道其中的奥秘，由此自然地切入本节课题。再比如，在介绍波的叠加原理时，可以先给学生放一段音乐，学生会很好奇，物理课堂出现音乐？接着可以提出问题："能否分辨出各种乐器的声音？"这样，学生就可以深刻理解波的独立传播原理了。物理的教学内容与我们生活的自然环境中的各种现象的关系是非常密切的，如果能从身边的各种现象出发，挖掘出与教学内容相关的材料并灵活运用于课堂导入，一方面可以激发学生的求知欲望和探究兴趣，另一方面也可以引导学生运用所学的物理知识解决生活中的实际问题，提高学生理论联系实际、解决实际问题的能力。另外，以故事的形式将科学史中对人类发展有重大意义的人和事件呈现给学生，会让他们对物理学有全新的认识，对物理学在人类文明历程中所起的关键作用有一定认识。

从全新视角认识物理学，不仅是技术发展的基础，也是社会发展不可或缺的部分。在导入课中加入合适的史料，有针对性地、有明确目标地引起学生的学习欲望，不失为一种好方法。比如，在介绍电磁学内容时，可以将法拉第、安培、麦克斯韦的故事引入，让学生在人文气息中进入学习，可能更容易让他们接受。只要我们积极探索、不断地去思考、去实践、去总结，与时俱进，就会产生好的效果。

（二）板书与多媒体教学相结合，使教学效果达到最优化

作为现代的教学形式之一，多媒体教学已被广泛运用于各门学科的教学中。它可以极大地丰富课堂教学的内容，提高课堂教学的效率，同时，教学课件中所运用的"图、文、声、像和动画"等丰富的表现形式更能够全面地刺激学习者的感官，激发学习兴趣。大学物理课程的教学内容包括力学、热学、光学、电磁学和近代物理引论，而且目前的学时设置的还比较少。所以，大学物理课程的教学面临着一定的困难。为了解决大学物理内容多学时少的困难，可以充分利用多媒体的优势，结合教学内容自行设计多媒体课件，把一些不必要的推导省去，将结论直接呈现出来，以节省时间；对于涉及的物理实验和现象等，可以利用视频或者动画播放。这样不仅可以丰富大学物理课堂教学的内容，也可以有效地提高大学物理课堂教学的效率。但是，多媒体教学也存在一些问题。其中一个突出的问题就是很多学生反应利用多媒体教学的速度比较快，课堂上还没来得及理解，课程就结束了，特别是教师过多地使用多媒体课件，将所有内容都用课件展示出来，很多内容都像是一闪而过，不利于学生的理解和记忆。所以，利用多媒体教学时，应该注意以下问题。

（1）要坚持教师的教学主导地位，不可盲目地、不加分析地用计算机辅助教学代替学科教学方法和手段，要充分体现其辅助作用。

（2）在课堂教学和电子课件制作中，使用动画、图片、视频等多媒体技术非常重要。但是，必须合理使用动画、图片、视频，应遵循教学内容是根本，教学形式是手段，教学内容决定教学形式的教学理念。为此需要对大

学物理教学内容进行全面的分析，根据教学内容的特点，有针对性地选择动画、图片、视频和演示实验等技术组织教学，既增强直观效果和感性认识，又保证教学内容的科学性和教学的严肃性。

另外，在多媒体辅助课堂教学的同时，还应该重视传统的教学方式的地位。板书是教师自身头脑中的认知结构，是对课本内容的浓缩，作为传统教学方式的重要代表，具有其他教学媒体无法替代的功能。

板书可以把一节课的结构、层次和重点直观地反映出来，长时间地向学生传递信息，加深学生印象、便于提纲挈领、突出教学重点，深化课程内容，帮助学生理清思路。学生有了充分的思考和体会，可以对知识进行再加工，有时还会由此而产生新的问题，充分发挥主体能动性。

对于涉及过多的重要公式推导的课程，教师的板书可以留给学生一定的时间去主动思考，从而与教师的讲授同步，这样更有利于学生的理解。所以，不能减弱或者放弃这个传统的教学方式。而板书内容构成直接影响板书质量和教学效果，同时板书艺术也是教学艺术的有机组成部分。在备课时，应该设计好板书，要做到条理清晰、简明概括。重点突出、布局合理，等等。当然，板书也有一定的局限性，如书写速度慢、空间有限等，需要与多媒体结合起来使用，优势互补，充分利用教学资源。比如，涉及物理实验或者物理现象（波的干涉、衍射、偏振，等等），可以借助多媒体，形象直观地呈现教学内容，而在讲解理论推导或例题时，则要发挥板书的优势，这样可以使教学效果达到最优化。

借助现代信息技术，加强与学生的沟通，拓展学习空间。沟通是工作、生活和学习的润滑油；沟通是消除隔膜，达成共同远景、朝着共同目标前进的桥梁和纽带；沟通更是学习和共享的过程，在交流中可以学习彼此的优点和技巧，提高个人修养，不断完善自我。而课堂的时间和空间毕竟是有限的，要获得更好的沟通效果，恰恰是在课后。大学物理作为一门公共基础课，上课人数比较多，一般都是在一百人左右，很多老师点名都用抽查式的，而且上完课就走人，有的学生甚至感觉老师不愿意和他们交流。教师仅仅利用课堂时间是不可能顾及所有学生的。所以，课后的交流显得非常重要。教师要提升自己的人格魅力，把向学生传授知识的过程变成学生欣赏他讲课的过程，这样才能赢得学生的敬佩，使学生愿意主动和教师交流沟通，进而帮助学生对这门学科产生兴趣。现代信息技术的发展拉近了人与人之间的距离，人们的交流方式也变得多样化，可以为每个班级建立 QQ 群或者微信群，这些通信工具可以发送文字、语音、图像等，通过这些工具，学生可以详细地、及时地提出疑问，与同学和老师进行讨论，问题可以得到解决，同时也可以加强师生之间的交流。当然，要做到能够让学生愿意敞开心扉，让学生认为教师值得信任是前提。教师不仅需要有较强的业务能力，对待学生的态度也一定要和蔼可亲，这样才能进行有效地沟通。另外，由于学时的限制，课堂的讲解是有限的，教师可以结合课堂知识留给学生一些有趣的联系实际或者具有拓展性的问题，让学生课后自己去解决。这样，学生课后可以充分利用网络等各种信息技术去解决问题，既能培养学生自主学习和解决问题的能力，同时也能拓展学生的知识面。

总之，大学物理作为理工科类本科的一门公共基础课，可以初步训练学生的逻辑思维能力、抽象思维能力、分析与解决问题的能力；提高学生的科学素养，帮助学生建立辩证唯物主义世界观；为学生进一步学习专业知识、掌握工程技术以及为之后的知识更新打好必要的基础。因此，教师要结合当前大学物理课程的实际情况、教学环境和学生的特点等，深入研究，选择适当的教学方法，使其更好地发挥人才培养的作用。

第二章 大学物理的教学原则和方法

第一节 大学物理的教学原则

教学原则是人们观察、处理教学问题，进行教学工作的基本依据和基本要求，是指导教学工作的一般原理。教学原则是教学客观规律的反映，是人们根据一定社会的教育目标和教学任务，在总结教师教学经验的基础上经过理论提高而制定的教学准则。

科学的教学原则是提高教育质量的关键，物理教学原则作为具体学科的教学原则应属一般教学原则体系中的一部分，因为一般教学原则包含着各种具体学科教学原则的共同部分、核心部分。物理教学原则应既符合一般教学原则的基本精神、反映一般教学过程的共性特征，又结合物理教学的特点，更为具体地反映出物理教学过程区别于其他学科教学过程的个性特征。

大学物理教学原则可以归纳成以下五条。

（1）科学性与思想性相结合的原则。该原则的核心是：在保证物理教学内容、观点和方法的正确性，即体现科学性和逻辑性的前提下，始终贯彻思想教育。

（2）知识的掌握和能力的培育相结合的原则。该原则说明继承科学遗产和发展科学技术之间的关系。继承是为了发展，而发展的条件是智能。

（3）理论联系实际的原则。这里的理论指物理理论，这里的实际包括生产实际、生活实际、学生的思想实际和学生的业务实际等。物理理论来源于实践，反过来又来指导实践，这是贯彻该原则的出发点。

（4）教师主导与学生的主动性相结合的原则。该原则的核心是：必须看到人的因素对教学所起的决定性的作用，做好人的工作。

（5）教学与科研相结合的原则。高等学校担负着培养专门人才的任务。所以，教学内容必须随时更新，必须让学生了解和学习科学实验的观点、方法、技能和技巧，为此教师必须从事科研工作以弥补单纯教学的不足，使教学跟上时代的步伐。此外，高等学校人才集中，设备齐全，应该也能为国家的科学研究事业做出贡献。

这五条物理教学原则之间有着本质的和必然的联系，它们是相互渗透、相互贯穿、相互依存、互为条件的关系。

例如，科学性与思想性相结合的原则贯穿于其他四条原则之中。物理科学来自生产实践和科学实验，尊重科学、尊重事实、实事求是是对科学工作者最基本的要求。这种思想性的教育与理论联系实际的原则是紧密相连的。理论联系实际要求物理教学要联系学生的专业实际，运用生产和生活的实例帮助学生学习、理解、记忆物理理论；反过来也可以用物理理论去解决现实中的一些实际问题。科研工作过程的本身就是不断提高教师科学素质的过程。物理科研与物理教学相结合有其内在的逻辑。高等学校物理教师已经具备了较高的物理理论知识水平，物理教师从事科研，与生产单位、科研单位合作，利用生产、科研单位的技术和设备的优势，将科研成果及时转变为生产力，这是理论联系实际的具体体现。掌握物理知识应该掌握物理知识的基本结构，这是物理知识的精华，掌握了它就能将其转化为智能，知识的迁移、运用就有了根基；掌握了它就有可能发展新理论。反过来，对已有的知识结构进行改造，做到有所发现、有所创造、有所前进。培养智能应该是全面而又深刻的，要立足于辩证唯物主义的立场，用系统的观点和方法全面地培养学生的智能。科学家献身科学的史实，使教师和学生为科学家忘我的献身精神、脚踏实地地面对现实的工作态度所感动，这是教师主导与学生的主动性相结合的原则得以实施的好教材。物理教师不仅要有渊博的物理知识，还要有教书育人、献身事业的精神。学生要具有持之以恒的精神，勤奋、踏实、认真学习。只有具备这种品质，才能充分发挥主动性。

第二节 大学物理教学方法

高素质人才的培养主要依靠教育，要想在当今社会培养出适合社会发展的高素质人才，大学物理应着重培养学生的学习能力和综合素质，高等教育也需要改革，侧重以学生为中心的新的模式，使学生能够在发展中创新、在创新中发展。

一、大学物理教学方法概述

作为一门重要的自然科学，物理学以丰富的方法论、世界观等物理思想影响着人们。物理学在大学课程设置中，是基础学科中影响较深的一门学科，处于必修基础的地位。物理学规律和理论具有普遍性，对大学生进行物理教育，具有培养大学生基本科学素养，帮助大学生客观地进行自我认知的作用。

教学方法是开展教学活动的必要条件，是为了达到教学目的、完成教学任务，教师和学生在教学过程中相互作用，以教学目标为前提采用的方式和方法的总和。大学物理教学涉及许多方面，其教学方法具有一定的特殊性，表现为学生在教学活动中有较大的自主性和科学研究方法在教学方法中的渗透，比较强调联系实践和动手能力，偏重推导和实验等。

为了达到最好的教学效果，按照教学方法的理论基础的不同，根据高校的教学任务，教学方法分为传统教学方法和现代教学方法。根据教学组织形式的不同，又可以分为理论性教学方法、实践性教学方法和探索性教学方法等。

1.讲授法

讲授法一直是大学教学中常用的教学方法，教师在授课过程中，应注重与其他多种教学方法的配合，教师在讲授过程中要善于设疑，使用的语言应丰富生动，有利于大面积传授知识，可以充分发挥讨论法的优势，提高学生的注意力，培养学生思维能力、提高学生分析问题的能力。

2.实验法

实验法具有专业性和设计性的特点，是指学生在老师的指导下按照教学要求，由学生根据自己的兴趣提出的实验项目，需要利用相应的仪器设备，学生要对结果做出必要的分析，再现科学现象的产生和变化过程，能够突出学生的自主性和创新性，因而在大学物理教学中占有重要地位。教师在运用实验法教学时需注意指导学生从思想上重视实验，在课前充分预习实验，强化学生的实验意识，通过观看和操作相应的仿真实验，使学生能充分认识到实验的重要性，加深学生对实验的认识和理解。站在科学家的角度剖析实验，能帮助学生体会到实验的乐趣，还能培养学生的科学素养，最后，教师要对实验进行总结。

3.自学指导法

自学指导法是最能体现学生学习主体性的教学方法。自学指导法的运用需要具备一定的条件，学生的自学是课堂教学的继续和延伸。它包括指导学生阅读、复习和练习等。随着现代教育理论的发展，教师要引导学生开展自主学习，通过独立钻研和学习，学生主动获取知识和技能，它包括教师的指导、时间和资料，等等。这种方法可以充分发挥学生的主观能动性，使学生全面掌握知识体系，提高学生的独立思考能力，激发学生的自学兴趣，对培养现代型人才有着独特的作用。教师一定要认识到阅读是学生从书面材料中获取信息的过程，学生的复习应当是包含有创造性因素的学习，要指导学生学会查阅参考文献和工具书，把知识构建到自己的认知结构中，教师应注意培养学生良好的阅读习惯，帮助学生提高对知识的迁移能力。

二、大学物理教学方法的运用要求

目前，很多大学物理教学还在采用传统的课堂讲授法，学生的兴趣明显不够。教师的教学方法运用以传授知识为目的，教学活动的开展也相对简单，主要是向学生有效地传授书本知识，得不到学生的积极响应，学生认识不到大学物理所包含的价值。虽然很多大学进行了教学改革，教学手段也改为以多媒体课件为主，但还存在着一些误区，使用时也多数以教师的教为中心，没有采用措施增加学生可以接受的信息量，因此不能满足大学物理的教学要求，明显与现代社会对人才的需求不相符。针对大学物理教学方法中存在的各种问题，从科学的本性出发，应采取措施积极应对，将科学研究所需要的元素融合进去,激发学生的学习兴趣,充分体现学生参与的主动性、探索性和创造性。

大学物理教学方法的运用应注重系统性,需要充分考虑到各种相关因素,教学方法的运用应体现学生的主体性,不能单一使用某一种教学方法,应引导学生通过教师指导,自主学习,以,锻炼思维能力,获取知识技能,提高自身的素质。教学方法的运用应重视培养学生的创新能力,要善于灵活运用各种教学方法,在教学中注重培养学生的问题意识和科学思维能力。这要求教师在教学方法的优化设计上下功夫,以促进学生的有效学习,更应积极探索和创造新的教学方法,不断提高教学质量。

三、大学物理教学方法的创新

物理学是所有自然科学的基础,物理学的研究方法、思维规律能培养学生科学地分析问题和解决问题的能力,为后续专业课程的学习奠定坚实的基础。大学物理课程的教学方法是所有物理教师值得探讨研究的内容,教师要根据课程的特点,结合学生的理解能力,深入研究教学方法,针对不同的内容运用合适的方法,这样才能充分挖掘学生的潜能,真正培养好学生的科学思维和科研创新能力。

(一)板书讲授与多媒体课件结合法

板书讲授主要以教师自己的语言为主,根据自己对知识的掌握程度,在黑板上一边进行板书,一边向学生讲授知识和信息,运用板书讲授法,教师可以通过整理自己的思路,系统地在自己的大脑里形成知识框架,然后运用语言和板书向学生直接传授知识,让学生用听的方法直接被动接受老师所讲的观点和内容。这种方法传统、简便,不需要准备特殊的教学设备,对于很多需要让学生直接记住的内容,单纯运用讲授法简单、方便,效果很好。

多媒体课件教学法是利用多媒体课件向学生呈现教学内容,利用图像、音像模拟物理现象,有画面、音乐、色彩等,形象逼真,教学内容丰富,形式新颖,能充分刺激学生的各种感官,从而激发学生学习物理的兴趣。

板书讲授法和多媒体课件教学法各有利弊,在现阶段,应当将两种方法相结合的模式作为大学物理教学中常用的教学方法,同时使用黑板和课件,取长补短,相得益彰。一些重要公式的推导、例题的讲解和知识的理论框架等宜在黑板上展示,多媒体课件则主要用于展示图线的绘制和实验的模拟重现等内容。

例如,在讲单缝夫琅禾费衍射这部分内容时,可以把实验装置图、实验光路图、半波带法分析图、单缝衍射亮度分布图等都放到课件中进行展示,而利用半波带法分析的理论公式推导内容、在接收屏上形成明暗条纹的条件、中央明纹半角宽等内容,都可以利用板书在黑板上展示,这样图像形象准确,推理过程条理清晰,令学生印象深刻,效果甚好。

(二)人文文化渗透法

物理学的发展经历了漫长的历史过程,学科中包含物理学史、美学、科学家史等人文知识,在物理学诞生的过程中,除了严谨的逻辑推理以外,科学家的人文修养和形象思维所启发的灵感、激发的创造性也是不可替代的。美国物理学家拉比认为:"只有把科学和人文科学融为一体,我们才能期望达到与我们的时代和我们这一代人相称的智慧的顶点。"所以,在大学物理教学过程中，可以将人文文化渗透作为一种教学手段，充分挖掘物理学中蕴含的人文思想，在讲解物理学理论内容的同时，向学生展现物理学科的文化内涵。

在物理教学过程中，可以把物理学家的故事、物理理论展现的美学、哲学文化、物理科学发展过程的艰辛等内容贯穿在物理理论教学中，比如，在讲电磁感应现象时，可以引导学生体会"电生磁"与"磁生电"的对称美；在讲力学内容时，可以引导学生体会动量守恒定律、机械能守恒定律中的守恒美。再比如，在讲相对论这部分内容时，可以上升到哲学文化领域："相对性原理的本质在于运动的相对性，而不存在绝对运动。"这些内容的讲解一方面能拓展学生的知识面，另一方面能激发学生的学习兴趣，提高学生的科学素养。

（三）理论与实验结合法

实验是自然科学研究的基础性手段，大学物理课程本身就是一门与实验密切相关的课程，很多物理理论都是在实验的基础上归纳演绎出来的，只有认真对待、重视实验，才能真正理解物理理论。在进行物理课程教学时，理论不能与实验脱节。干巴巴地、空泛地讲授理论，学生很难接受。

通常，在物理理论课程教学中，理论需要与实验相互结合，教师要按照教学要求，在系统讲解理论的同时，利用简易实验设备，真实演示物理实验过程，引导学生观察现象的发生和变化过程，让学生直观地感受物理内容的原理和过程，启发学生通过观察总结规律、获取知识。在进行物理基础理论课教学时，通常是合班上课，教室大、人数多，所以教师除了在讲台上进行演示实验外，最好再制作出相应的仿真实验，在课堂上放映，让学生清楚了解实验过程，打破光靠想象的抽象局面。比如，在讲薄膜干涉现象时，可以利用迈克尔逊干涉仪观察等厚干涉条纹和等倾干涉条纹等，结合仿真实验，给学生介绍迈克尔逊干涉仪的精妙，介绍迈克尔逊干涉实验的原理、干涉仪的调整，观察干涉条纹等。通过这个实验，可以使学生透彻了解薄膜干涉原理。这种在课堂上展示实验过程，将理论与实验紧密结合的教学方法，可以大大提高学生的实践能力和创新能力。

（四）主题讨论式教学法

大学物理的内容抽象，很多同学在学习物理时会感觉枯燥，如果只是单纯地听老师讲，课堂氛围不活跃、学生接受效果就会差。因此，在大学物理课程的教学中，可以适当采用主题讨论式教学法组织整个课堂，教师根据教学内容确定一个讨论主题，让学生提前收集、准备资料，独立思考，带着问题听课，在课堂中与老师和同学互动，展开讨论。在讨论过程中，可以通过提问来启发学生独立思考，积极调动学生参与到讨论中，教师要随时对讨论过程和内容进行引导。讨论结束后，教师要对讨论结果做出总结和评价，要对讨论效果进行点评，指出学生以后在讨论时该注意的地方，等等。通过这种方法调动学生学习的主动性，提高学生的表达能力和思维能力。

例如，在学习刚体定轴转动这部分内容时，可以以探究刚体定轴转动定律为主题进行讨论式教学，让学生充分参与进来，开动脑筋。教师可以提出一些问题，让学生进行讨论，之后再回答，如"什么是刚体定轴转动？刚体定轴转动与哪些因素有关？请举例回答"，等等，从而引出力矩的概念，引出刚体定轴转动的转动定律，引出转动惯量的概念。此外，还可以将学生分成小组，对一些常见均匀的刚体对特定轴的转动惯量的计算进行讨论，从而总结出刚体的转动惯量与哪些因素有关。通过这种互动式讨论，引导学生积极思考，锻炼学生的思维，加深学生对主题内容的印象。

总之，在大学物理教学中，教学方法多种多样，除上述方法外，还可以使用角色互换法、归纳总结法，等等。教师要结合当前大学物理课程的实际情况、教学环境、主题内容和学生的特点等，深入研究，选择适当的教学方法，认真组织好每一次课，从而达到提高课堂教学效果的目的。

潜力，帮助学生全面、准确地把握教材，教师在进行教学时可以加入一些与学生的互动或者简单的讨论环节，要注重讲授内容的准确性、讲授语言的艺术性，合理组织知识内容，创造设计出具有启发性的教学环境，帮助学生进行真正的有效学习。

基于问题学习的教学本质上是一种互动模式，将问题作为核心，要求教师课前进行充分准备，这种方法体现了以学生为主体的教学思想，激励学生独立思考，要求学生对基本常识有足够了解，要求教师有耐心、热情，这样，学生的学习才更有意义。

第三章 大学物理教学设计

第一节 大学物理教学设计的内容和方法

一、大学物理教学设计的内容

2010 年版的《理工科类大学物理课程教学基本要求》（以下简称《基本要求》）将大学物理课程定位为"高等学校理工科各专业学生一门重要的通识性必修基础课"。该课程的教学目标为"通过大学物理课程的教学，应使学生对物理学的基本概念、基本理论和基本方法有比较系统的认知和正确的理解，为进一步学习打下坚实的基础。在大学物理课程的各个教学环节中，都应在传授知识的同时，注重学生分析问题和解决问题能力的培养，注重学生探索精神和创新意识的培养，努力实现学生知识、能力、素质的协调发展"。

在教学内容方面，《基本要求》提出了"保证基本知识结构的系统性、完整性"的要求，并在此基础上将大学物理教学内容分为核心内容（A 类内容）和扩展内容（B 类内容），以及"新知识窗口"三大部分，其中核心内容包含了力学、振动和波、热学、电磁学、光学、狭义相对论和量子物理基础在内的七部分内容，共计 74 个知识点。如果将《基本要求》的核心内容与《普通高中物理课程标准》（以下简称《新课标》）中规定的教学内容做比较，可以发现，除了少数概念在中学阶段未提及，大学物理核心内容中大部分内容均在高中物理学习内容范围内，但在认知程度和应用程度上有所区别。这就导致很多学生甚至某些教师都把大学物理定位在"利用微积分等数学工具，结合高中物理学习内容去求解难度更大的习题"。这一定位，将大学物理课程沦为高等数学的实践课程，明显偏离了大学物理课程的教学目标，不利于大学物理课程发挥其能力培养和素质培养的功能。

另外，由于《新课标》的教学内容分为必修模块和选修模块，但是部分地区高中阶段物理课程的内容广度并没有达到《新课标》的要求，这导致各个大学中学生的物理知识基础存在较大的差异。

为了了解不同地区中学阶段的物理课程选修情况，以哈尔滨工业大学2014 级本科生为调查样本，调查了他们在高中学习物理时的选修情况，结果，在高中阶段，完整深入学习了"必修模块和全部选修模块"的学生仅占8.1%左右（这一比例接近参与过物理竞赛培训学生的比例 6.5%）；完整地学习了"必修模块和选修模块，仅对 2 个选修模块进行了深入学习，其余模块了解但不深入"的学生占 21.2%；深入学习了"必修模块和 2~3 个选修模块"的学生比例为 78.8%；仅学习了"必修模块和 2 个选修模块，其他模块完全没学过"的学生比例为 11.9%。分析结果表明，进行大学物理学习的学生的基础差异还是比较明显的。在这样的背景下，高等院校大学物理课程内容怎样与高中物理《新课标》中的内容有机衔接，实现深度和广度上的延续，同时避免不必要的重复，以及如何深化大学物理课程的作用和功能，更好地培养学生分析问题和解决问题的能力，培养学生的探索和创新意识，是近几年来大学物理教师面临的重要挑战。

通过多年的教学研讨和实践经历，结合学校的本科生培养目标，将大学物理教学目标定位为"保证物理知识体系完整性的同时，进一步加强大学物理课程对学生科学思维模式的培养，引导学生进行自主学习和研究型学习，传递物理文化和物理思想的功能"。为了实现这一目标，详细地比较了《新课标》和《基本要求》的差异，将《基本要求》中的核心内容（A 类内容）分解成基础知识模块、深化知识模块、新知识模块和物理思维培养模块四个基本模块，并针对每个模块进行了具体化的教学设计。

（一）基础知识模块

基础知识模块主要包括《新课标》中选修 3-n 模块中与大学物理课程体系中基本要求重合部分的内容。由于高中阶段学生选修模块的学习程度不同，所以学生对部分知识的掌握有一定的差异。为了满足《基本要求》中"应使学生对物理学的基本概念、基本理论和基本方法有比较系统的认知和正确的理解"这一要求，大学物理课程必须能够弥补不同地区高中物理教学差异。从这个意义上说，大学物理教学起点需要降低。一方面，这会导致大学物理课时数的增加（这在大规模压缩学时的趋势下显然是不现实的），另一方面对高中阶段已经选修过该模块的学生也不公平。如何进行这一模块的教学，是目前大学物理教学的难点。

为了解决上述问题，消除学生的物理知识基础差异，可利用网络资源实现这一模块的教学。为了给学生的自主学习提供更便利的条件，学校与高等教育出版社合作出版了"纸制教材+数字课程"相结合的新形态《大学物理》教材，利用高等教育出版社的网络平台，将该模块中涉及的一些知识点的动态物理过程（动画和视频）、拓展阅读、习题详解等资源通过二维码网络链接方式提供给学生，方便学生进行学习。该教材作为本校"大学物理Ⅳ（64学时）"课程的教材已经使用 1 年，受到了学生的好评。

同时，本书提出基于基础知识模块建设"基础物理——大学物理预修MOOC"的计划，希望能够通过这方面的探索为该模块的教学开辟新途径。要求学生在学习大学物理前，完成大学物理预修 MOOC 课程的学习，并取得相关证书或学分。这种方式不仅可以有效减小学生之间的物理知识基础差异，还能达到培养学生自主学习能力的目标。

（二）深化知识模块

深化知识模块主要指在《基本要求》A 类内容中，与《新课标》所涉及的知识点有紧密联系、但对深度和难度有更高要求的知识点。比如，在力学部分，需配合矢量运算、微积分等数学工具解决更接近实际的复杂问题；电磁学部分，解决非均匀场、存在电介质（或磁介质）时的非真空场问题；振动和波部分，定量地描述波的能量和干涉现象；热学部分，速率分布函数的数学表述及三种统计速率、典型热力学过程的定量描述、宏观量与微观量之间的定量关系；光学部分，几何光学、干涉、衍射及偏振的定量描述；近代物理部分，建立物理波粒二象性和量子化概念的思维过程，更深层次理解波函数的统计意义并学会应用波函数等。此模块的内容，学生在高中阶段或在基础知识模块中都接触过，但是仅限于"了解、知道"的层次，而且多数概念不涉及定量描述。而在《基本要求》中则要求对这部分知识达到"理解、掌握"并会"应用"的程度。

针对深化知识模块所涉及的内容，需要在深度解读概念的基础上，在课堂教学中多选择一些难度适当的例题。例题选取应本着"可利用微积分等数学工具来解决更接近实际的复杂问题"的原则，培养学生区分主次矛盾、用物理知识解决实际问题的能力。在这一模块的课堂教学中，应引入适当数量的演示实验，在教师的指导下实现演示实验的验证性、启发性和科学性的功能，发挥"培养学生的认识能力，激发学生的创新意识"的作用。

针对深化知识模块这一部分内容，本研究还做了"利用圆桌教学的手段，帮助学生进行互助性、探索性学习"的尝试。哈尔滨工业大学大学物理教研室从 2013 级学生中抽出一个班作为圆桌教学试点，将 37 名学生分为 4 个讨论小组，每组 9～10 人，共用一个由 4 张课桌拼接而成的平台，每个小组配备一套演示实验设备，学生可以自由操作并进行讨论。同时建立了实时反馈机制，通过问卷调查、师生座谈等方式及时了解学生对此教学模式的意见和建议，反馈结果显示学生非常喜欢这种新型教学模式。

（三）新知识模块

新知识模块主要指《新课标》中未提及，《基本要求》中属于 A 类内容的知识点。力学部分包括非惯性和惯性力、质心与质心运动定律、刚体定轴转动、角动量和角动量守恒；电磁学部分包括环路定理、电流密度、感生电动势和涡旋电场、电场和磁场的能量、麦克斯韦电磁方程组的微分形式；振动和波部分包括旋转矢量法描述简谐运动、简谐运动的合成、能流密度、相位突变；光学部分包括光源的相干性、光栅衍射；热学部分包括卡诺循环、熵和熵增加原理、能量按自由度均分定理、气体分子的平均碰撞频率和平均自由程；近代物理部分包括狭义相对论的两个基本假设、洛伦兹坐标变换和速度变换、黑体辐射、波函数及其概率解释、不确定关系、薛定谔方程及其应用、电子自旋。

由于这一模块涉及的知识点均为全新内容，学生理解和接受起来存在一定的困难，因此在进行教学设计时，建议以教师详细讲授为主，同时，要随时了解学生对知识点的掌握情况，及时调整教学进度和教学计划，在这一模块的教学过程中，本研究增加了"课堂应答反馈"环节，对学生进行随堂测试，同时为学生提供备选论文题目，指导学生对某一知识点进行深入探讨并完成开放探索式作业。最后，将这两部分成绩并入课程总成绩，进一步探索累加式考试的新途径。

考虑到不同学生的理解能力和接受能力不同，在有限的学时中教师的课堂教学基本上以照顾中等水平的学生为原则，很难做到全面照顾。因此在这一模块学习过程中，可以建议学生借助网络精品开放课程、MOOC 课程等进行自主式学习，提倡"走出课堂学习"的教育思想，引导学生根据自己的需求进行复习或是深入学习。

（四）物理思维培养模块

物理思维培养模块主要包括：基本概念或知识的演化过程能够反映物理学研究方法和物理思维方式的内容。例如，模型思维培养模块包括质点、刚体和理想流体、电流元、点电荷、理想气体、简谐振动等概念；对称性思维培养模块包括电场和磁场理论的建立、物质波波粒二象性的提出等；定性半定量思维培养模块包括电流密度与电场强度和磁场强度的关系等；对比性思维培养模块包括电流与水流对比、静电力与万有引力对比、薛定谔方程的建立等；批判思维培养模块包括狭义相对论时空观的建立、电子自旋的提出等。

对物理思维培养模块的教学设计，本着以下三个原则进行。

第一，要强调物理思想，弱化单纯的数学推导，在教学过程中强化物理思维。

第二，教学过程要展现物理学的美，通过阐述物理学的理性美、简洁美、和谐统一之美来渗透物理思维。

第三，在大学物理课程中引入物理学史、前沿科学等多方面的内容，在拓展知识内容、增强知识趣味性的同时，挖掘这些内容所蕴含的物理学思维模式和发现及解决问题的方法。

对大学物理教学内容进行模块化处理，并为每个模块设定教学目标和实现该目标的手段，既保证了大学物理知识体系的完整性，又能在有限的学时内，充分体现"加强大学物理基础，增强学生发展潜力"的教学目标。在以后的工作中，还会对《基本要求》中的扩展内容（B 类内容）和自选专题类内容进行模块化处理，进一步将大学物理课程的功能具体化。希望通过这一工作，为大学物理课程教学提供更多可行的应对方案。

二、大学物理教学设计的方法

大学物理是高校最重要的公共基础课程之一，涵盖了自然科学中最基本的概念、原理和方法，学习大学物理有利于学生建立科学的世界观。公共基础课程的特点是内容多、覆盖广，如何通过最经济、最便捷的教学方法实施教学，显著提高课程教学效益，是研究者一直以来关注的课题。目前，教学内容体系已经基本固定，教学辅助手段也基本完善，教学资源也已得到有效建设，作者从人本角度出发，谈谈结合建构主义开展大学物理教学设计的体会。

（一）建构主义的基本观点及其倡导的教学方法

建构主义的代表人物杰罗姆·布鲁纳是哈佛大学的教授，杰出的教育心理学家。 布鲁纳认为，学习的实质是一个人把同类事物联系起来，并把它们组织成赋予它们意义的结构。学习就是认知结构的组织和重新组织。知识的学习就是在学生的头脑中形成各个学科知识的结构。因此，他主张"不论我们选教什么学科，务必使学生理解该学科的基本结构"。比如物理学，其基本结构就是基本概念、基本原理及基本态度和方法。布鲁纳还指出，如果不去学习学科的基本结构，则有三点弊病：①学生要从已学得的知识推广到他后来将碰到的问题就非常困难；②陷于缺乏掌握一般原理的学习，从激发智慧来说，不大有收获；③获得的知识，如果没有完满的结构把它联系在一起，那多半会是一种被遗忘的知识。

有关知识建构的具体过程，在布鲁纳看来，一个人理解和掌握新知识的方式依赖于他的信息分类和联系的方式，这种方式构成了一个人知识结构的编码方式。编码过程就是把新知识合并到概括化的知识结构中的过程。编码方式有两种：一种是按照某种逻辑关系或逻辑原理进行编码，另一种是归纳编码。如果学生能够较好地运用这些编码方式，学习效率则会得到有效提高。

从教学的角度看，教师不能逐个地教给学生每个事物遵循的规律，重要的是使学生理解掌握那些核心的基本概念、原理、态度和方法，抓住它们之间的联系，并将其他知识与这些基本结构逻辑联系起来，形成一个有联系的整体，即理解事物的最佳认知结构。因此教学任务之一就是引导学生形成这种认知结构。布鲁纳认为，教学要考虑学生在学习中的意向，即教学内容要与学生的求知欲望有关联，将所教的东西转变成学生所求的东西，变被动的教学过程为学生主动学习的过程；同时教师要善于把所教的内容转换成与学生的思想有关联的知识，使学生既获得知识，又掌握获得知识的方法。

为了使学生能够体会并顺利进入学习的编码过程，教师必须对教学内容进行最佳组织。这种对教学内容的组织依据以下三条原则：一是表现方式的适应性原则，学科知识结构的呈现方式必须与学生的认知学习模式相适应；二是表现方式的经济性原则，任何学科内容都应该按最经济的原则进行排列，在有利于学生认知学习的前提下合理地简略；三是表现方式有效性原则，经过简略的学科知识结构应该有利于学生的学习迁移。

（二）基于建构主义的大学物理教学内容设计

大学物理是本科教学中一门重要的基础课程，这门基础课程的课程结构相对庞大，要想有效提高学生的学习效率就需要按照建构主义教学模式对教学内容进行设计。结合上文所述教学内容组织三原则，具体设计体现如下。

1.适应性原则

大学物理内容多、覆盖广，介绍学科知识时要按由浅入深、由形象到抽象、由特殊到一般的逻辑来进行，要与学生的认知学习模式相适应。

力学部分的研究对象包括质点和质点系，物理规律的表达形式是统一的，首先解释清楚公式的内涵，再通过举例，将研究从简单熟悉的质点问题带入复杂生疏的质点系问题。物理是一门实证性的学科，将许多实验、视频、动画等的演示纳入课堂教学内容，或以生活中熟悉的现象和话题作为引言内容，符合学生喜欢从实际切入的认知学习模式。例如：用常平架实验仪演示角动量守恒定律，进而拓展到机械陀螺仪的工作原理；用动画演示光波干涉和衍射的原理，进而解释光栅光谱仪的工作原理；用思想实验演示相对论时空性质，进而解释抽象的洛伦兹变换等。又如以肥皂膜在阳光下呈现出彩色条纹、照相机镜头在阳光下呈现紫色等话题，巧妙地带领学生进入知识学习的思考环境，研究问题的物理原理和一般性表达。

2.经济性原则

作为公共基础课程，大学物理的学时数是有限的，要在课程中将物理学最核心的知识和方法呈现出来，必须在内容的选择和排列上做合理简化。

力学部分的内容是学生们最为熟悉的，且已经建立了完整的理论框架，重点就可以选择放在"力学定理微分和积分形式意义的说明"和"一般性问题处理的原则"两部分内容上，将平动问题与转动问题分开，将有关角动量定理和角动量守恒定律的内容安排在刚体定轴转动前学习，以利于学生将对平动规律的理解迁移到转动规律的理解。将机械振动内容作为牛顿运动定律在线性恢复力作用下的应用引入，再将干涉作为波叠加的特例引入、驻波作为干涉的特例引入，在机械波部分内容的衔接上比较合理。热力学的概念和定律总有宏观解释和微观解释，将热力学第二定律一节设计为"定律表述—微观意义—微观熵—宏观熵"，这样的顺序组织最为经济，相关知识衔接合理，方便学生理解热力学第二定律和熵的内涵，也方便拓展到能量的退化、时间的方向等与熵增有关的话题。

3.有效性原则

大学物理知识结构性很强，在课程中引导学生将各部分内容与基本结构按一定逻辑联系起来，形成一个有联系的整体，能够提高知识学习的迁移效率。

量子物理基础部分的内容，是以一门新学问由概念颠覆到新理论建立的逻辑贯穿：从对辐射实验规律的总结提出"能量子"概念；利用光电效应实验和康普顿散射实验规律的总结证实光有"波粒二象性"；将"能量量子化"概念用于原子有核模型成功解释氢原子光谱实验规律，提出早期氢原子结构理论；提出并证实普遍的微观粒子波粒二象性关系；提出微观过程的"不确定关系"；建立量子力学基础理论。又如，热力学第一定律一章的内容，以从理论到应用的逻辑贯穿：热力学过程中与能量转换有关的基本概念准静态过程、功、热量和内能；热力学过程中关于能量守恒的热力学第一定律；等温、等容、等压和绝热等基本热力学过程中的能量转换分析；循环过程中的能量转换分析及热机效率。再如，相对论基础中有关相对论时空性质片段的内容，是以从理想实验到理论抽象的逻辑贯穿：首先从动画演示的爱因斯坦火车闪光思想实验提出"同时性的相对性"和"时间度量的相对性"的概念，破除人们头脑中时间的测量与运动无关的经典概念，再由理想实验推导得出与时间、长度测量有关的"动钟延缓"和"动尺收缩"的数学表达，建立相对论时空观，从而正确理解洛伦兹变换式、解释高能物理实验现象。大学物理课程内容体系中的每一部分、每一章和每一节以致每一个片段都具有一定的逻辑性，厘清这其中的逻辑性，对帮助学生构建理解事物的最佳认知结构极为有效。

（三）基于建构主义的大学物理教学过程设计

大学物理课程的学习对象是已经具备了一些物理基础知识的大学生，因此学习该课程的过程，就是把新知识合并到已概括的知识结构中的过程。按照人的信息分类和联系的方式，合并新知识有按逻辑关系编码和归纳编码两种方式。下面举例说明建构主义学习理论在课程的教学过程设计中的具体体现。

就具体内容而言，电磁学部分中静电场和稳恒磁场两章内容、感应电场和位移电流两节内容、电容和电感两个片段内容，从研究问题的方法论上看都是一致的，从逻辑上进行对比介绍，学习对象接受较快；能够同样处理的有力学部分中有关动量与角动量基本规律的内容和理想模型下质点的平动与刚体的转动的内容。波动光学中对多光束干涉和光衍射的分析，都是建立在同一模型基础上，即频率相同、振动方向相同、振幅相等、相位依次相差一个固定值的多个振动的叠加，研究问题的出发点相同，数学分析手段相同，只是因为相位差固定值不同取近似时有差别，故有干涉因子和衍射因子的不同，这样的比较性提示更有利于学习对象接受。另外，借水轮机利用水位落差中的机械势能变化做功类比热机利用有温差时分子内能变化做功；用流线描述流速场中流体运动规律类比用场线描述电磁场中电磁性质规律，以及"源""旋"等概念的运用，等等，跨学科类比曾启发物理学家发现物质运动的新规律，也同样能启发学生建立学科知识的新结构。

概括是通过梳理内容完成总结提炼。如力学中有关平动物体动力学规律的内容，可将需要掌握的内容概括为两点：一是牛顿第二定律，这是一个瞬时规律，反映了力与运动的基本关系，原则上可以依据初始条件解决各类问题，但有些问题处理过程比较烦琐；二是牛顿第二定律的两个演绎，分别是力对时间累积与运动的关系和力对位移累积与运动的关系，即动量定理和动能定理，都分别有微分形式和积分形式，特别是在合外力为零和只有保守力做功的情况下，两个定理继续演绎为动量守恒定律和机械能守恒定律。清楚这一理论结构，处理问题时就能做出最合理简约的选择。又如，光衍射一章，可将需要掌握的内容归纳为两点：一是光衍射现象的物理原理，着重于根据干涉理论基本原理建立数学模型，具体有菲涅尔半波带法、振幅矢量法等光强分析方法，从而对单缝、圆孔和光栅等系统的衍射现象作出理论解释；二是科学原理的技术应用，着重讲授有圆孔的光学仪器，如照相机、望远镜等，以及光栅的工作原理和分辨本领一类性能参数，从而使学生学会选择使用和评价光学仪器。再如，热力学第二定律中玻尔兹曼熵一节中，也可将需要掌握的内容归纳为两点：一是熵的概念，从 4 个分子分布的理想实验中抽象出热力学概率的定义，即与宏观态对应的微观状态数，用热力学概率定义态函数玻尔兹曼熵，从而理解热力学系统的任何状态都有一个确定的熵值，熵可作为评价热力学系统的参量；二是熵增加原理，即热力学第二定律的数学表达，从而理解对于一个热力学系统，平衡态的熵值最大，因此出现的概率最大，不可逆过程实质是存在状态上的差别，热力学系统总是向熵增加的方向进行且以压倒性优势向平衡态过渡，如绝热自由膨胀。通过概括方式能将熵这一概念的内涵提炼出来。

（四）效果分析

教学的最终目的是使教学内容内化为学生自己的知识结构，由此学习者才能自由存取利用所学过的知识。有调查显示，基于建构主义设计和组织大学物理课程教学，学生们最明显的收获是既可以对感兴趣的知识片段进行拓展研究，又便于存取利用已被内化为知识结构的知识，直接的效果是测评成绩的提高，此外，后期参与学科竞赛的人数也逐渐增多。总结起来，基于建构主义设计和组织大学物理教学有以下好处。①了解了学科的基本结构或它的逻辑组织，学生就能理解这门学科；②掌握了基本概念和基本原理，学生就能把学习内容迁移到其他情境中去；③了解了教学内容的内在逻辑性，学生更容易理解和记忆具体的知识细节；④对知识结构进行合适的陈述，学生更容易完成从初级知识向高级知识的过渡。

基于建构主义设计和组织教学，符合学生构建知识结构的需要，能够提高学生的学习主动性和学习效率，进而激发学生的智慧潜能，学生在学习过程中不仅能够接收信息和组织信息，而且能够超越一定的信息，获得发现知识的经验和方法，即有所创造。就教师而言，教学过程是一种对知识进行重新整理组织的再现过程，教师把所教知识设计转化成适合于学生进行知识建构的形式也是一项创造性任务。

第二节　大学物理探究式教学

一、进行探究式教学的基础

（一）物理学自身的学科特点

物理学的发展史证明，物理是一门实验与科学思维相结合的学科。实验是物理学的基础，科学思维是物理学的生命。在物理学中，概念的形成、规律的发现和理论的建立，都有其坚实的基础。任何物理理论的真理性，都需要通过实验的检验，物理实验不仅是物理学的理论基础，还是物理学发展的基本动力，是启迪物理思维的源泉，很多重要的物理思想就是在物理实验的基础上产生的。例如，卢瑟福建立的原子核式结构模型的基础是粒子散色实验出现的大角度散色现象。物理学的发展充分表明，实验不仅是一种研究物理问题的重要手段，还是物理学的一种基本思想和基本观点。另外，在物理学中，观察实验也离不开科学思维，无论是实验方案的设计、实验现象的观察、实验数据的采集、实验结果的分析、实验结论的得出，还是理论研究中的推理论证、概括和总结，都需要科学的思维。物理学是观察实验和科学思维相结合的产物，物理模型的建立，物理概念的形成，物理规律的发现，物理理论的提出，都是在大量的观察实验的基础上进行科学思维的结果，科学思维对物理学的发展起着至关重要的作用。因此，物理学具有很强的实践性和探索性，物理学的发展需要不断地进行探索和实验。

（二）大学生已具有一定的实践能力

中国的教育从小学开始就注重培养学生的动手能力，为此安排了很多相关的课程，例如，综合实践活动课就是一门实践性很强的综合性课程，要求学生既动脑又动手。到了初中和高中阶段，实验、实践性的课程更多。因此，到了大学阶段，大学生已具备一定的自学能力和实践能力。他们所欠缺的更多的是独立思考的能力和科学的思维。而探究式教学不仅有利于激发学生的学习兴趣，提高学生的学习主动性，更能训练学生的科学思维、独立思考能力，培养学生合作的能力和实践能力等。

（三）以霍尔效应为例探讨如何实行探究式教学

美国物理学家霍尔于 1879 年在实验中发现，当电流垂直于外磁场通过导体时，在导体的垂直于磁场和电流方向的两个端面之间会出现电势差，这一现象便是霍尔效应，产生的电势差也被叫作霍尔电势差。霍尔效应的发现源于实验实践，霍尔电势差的测量、霍尔系数等的测定，也需要通过实验完成。

而目前，对于霍尔效应的教学，大都是先通过理论课的灌输，借助多媒体的演示和分析来进行的。理论课结束后，虽然安排了大学物理实验课，但是最大的问题在于，理论课和实验课是分开独立进行的，一般由不同的老师承担教学任务，实验课的进度一般晚于理论课，实验的目的更多在于重现或者验证理论课上所学的知识，缺少的是探索未知的过程，不利于培养学生的创造性思维。

因此，作者认为，霍尔效应的教学完全可以在实验室进行。

首先，将学生分成若干个小组，先不向学生介绍实验装置和实验原理等，而是设置一些具有启发性的问题，例如："放置在匀强磁场中的导电板会出现什么变化？发生这一现象的原理是什么？"让学生带着问题自己动手进行实验，在实验中进行探索。

其次，经过一段时间，请这若干个小组分别汇报实验的结果，并解释产生这些结果的原理，教师对各小组的汇报进行考核打分。这样，不仅激发了学生的求知欲，明确了学生的课堂主体地位，充分调动了学生的积极性和主动性，还有利于培养和训练学生的科学性、创造性思维。

总之，由学生自己去探索真知，这样的探究式教学的效果远比直接灌输知识式的教学的效果好得多。

二、探究式教学过程中存在的困难

（一）教师方面的困难

从理论上讲，教师的素质对学生的发展起到决定性作用。作为一名大学物理教师，除了应该具有良好的职业道德素质，还应该具备相关的知识素养和一定的教研能力。从探究式教学的本质和操作模式来看，一部分大学物理教师在教育教学知识素养和教育教学研究素养方面有所欠缺，从而导致探究式教学在大学物理课程教学中难以实施，这主要体现为两个方面：一是教师的教育教学知识、心理学知识储备不够；二是教学、科研任务重，精力不足。

（二）学生方面的困难

学生是整个教学过程中的主体，是整个教学过程中的主要参与者，学生的数理基础、综合素质和主观能动性，都直接影响探究性教学能否顺利开展，主要表现为学生的中学物理基础参差不齐。随着高考改革的推进，不再采用全国统一命题的方法，各地各学校对中学物理课程的要求也不一致，这样就造成了理工科各种专业的学生的物理基础参差不齐的局面。因此，开展探究式教学活动时，可能会出现学生的储备知识不足的现象，这为探究性教学活动的顺利开展增加了一定的难度。

（三）学校方面的困难

学校是教学活动开展的场所，教学活动的顺利开展，离不开学校提供的各种条件和支持，目前，开展大学物理探究式教学面临的困难有以下两个。

第一，课时紧、规模大。虽然大学物理是高等院校理工科类各专业在大学阶段的一门重要基础课，在培养学生观察问题、分析问题和解决问题的能力等方面具有其他课程所不能替代的作用，但它并不是非物理专业的主要基础课，因此这门课程不容易引起重视，课时常常被压缩，从而难以保证大学物理课程授课内容的系统性、完整性和连续性。而开展探究式教学活动需要一定的课时保证，在课时本来就很紧张的情况下，开展探究式教学就难上加难了。同时由于高等教育从精英教育向大众教育转变，教学规模扩大，给探究式教学活动的开展也带来不小的挑战。

第二，评价机制不完善。哈佛大学心理学教授加德纳提出，以多元智能理论作为探究式教学评价机制的理论基础。多元智能即语言智能、数理逻辑智能、音乐智能、空间智能、身体运动智能、人际交往智能、自我认知智能和认识自然的智能。而目前传统的教育评价机制是以知识本位为价值基础，以学生对知识的掌握和对知识的传承为主要衡量标准，忽视了教学主体的发展性目标，这种只注重知识而忽视教学主体发展的评价机制缺乏灵活性和发展性，不能客观地评价学生在获取知识过程中表现出的各种能力的强弱，也就不能充分调动学生学习的积极性。

三、大学物理探究式教学的实施

《学会生存》一书的作者认为，只有当教育技术真正融入整个教育体系中去的时候，只有当教育技术促使大家重新考虑和革新这个教育体系的时候，教育技术才具有价值。互联网作为信息社会的重要标志，以其虚拟性、自由性和交互性等特点深深地吸引着处于信息前沿的高等学校的学生，它给教育的发展提供了更广阔的时间和空间。积极探索将互联网应用于教育领域，开展大学物理探究式教学，培养学生的自主学习能力。

（一）利用互联网技术，丰富大学物理探究式教学资源

1.获取网络信息资料，充实探究式教学内容

在大学物理探究式教学中，可以挖掘互联网上的资源，为每个探究式教学专题建立资料库，一些资料供课堂探究式教学使用，一些资料供学生课外自主学习。同时，从国外网站寻找、下载信息资源，设计成探究式讨论题目，避免与国内教材内容重合；还可以向学生推荐国外的学生发表的有关大学物

理课题研究的优秀论文。许多物理类网站上的内容都可以作为现有教材的补充。例如，在相对论教学中，可以从数字化期刊中获取最新研究动态，提出探究式问题，丰富学生对相对论的理解，而且相对论知识在生活中的实际应用也成为相对论理论正确性的有力支撑。同时，教师可以提供网址，要求学生课前阅读有关资料，为探究式教学提供素材。

2.下载物理教学软件，丰富教学手段

国内外的物理教师已经在物理教学软件开发方面做了许多的工作，他们很乐意与同行分享成果。网上有可以免费下载的物理教学软件，其形象生动的揭示物理过程、引人入胜的动态画面，是传统教学手段的有效补充，为开展探究式教学提供了更多场景。借助这些软件，可以动态揭示物理过程，反映微观现象，加深学生对物理本质的理解。可以利用这些教学软件丰富探究式教学手段。

3.鼓励网上互动，延伸物理教学研讨时空

充分利用网络资源，鼓励有条件的学生参加物理学习电子论坛、阅览物理学发展动态方面的论文、参加研讨活动，引导他们进入虚拟的物理教学课堂，开展网上交流，探讨问题，拓宽视野，提高知识运用能力和探索未知物质世界的能力。

4.跨国思想交流，促进物理探究研究

网络世界很精彩，教师可以阅读或下载国外教学研究期刊、参加跨国物理教学研究讨论小组，缩短与国外物理老师在时空上的距离，及时关注国际物理教学发展最新动向，学习和研究新的探究式教学理念、教学思想和教学方法，了解国外在互联网、计算机方面用于物理教学的情况。实际上，有越来越多的国内大学物理教师积极地参与网上物理教学研究的交流讨论，有的

教师还在网上物理教育电子论坛撰文发表有关物理教学改革的工作经验和大学物理探究式教学体会的文章，极大地促进了物理教学的国际交流。

（二）利用网络资源开展物理探究式教学需要注意的问题

1.引导学生掌握互联网的使用技巧

当代大学生对计算机和互联网还是比较熟悉的，但主要还是偏向娱乐方面。作为基础课，大学物理课程一般在大学的一、二年级开设，大部分学生还不能熟练地利用互联网开展学术性工作，教师很有必要指导学生了解互联网的使用技术。比如，如何利用搜索引擎查找自己需要研讨的有关物理专题信息等，一旦掌握了检索方面的技术，学生们就能自由驰骋在信息高速公路上了。

2.推荐、介绍合适的物理学习网站

面对互联网上如大海般浩瀚的信息资源，很多学生都不知道应该如何选择。教师的推荐和指导可以帮助学生提高利用互联网学习的效率，但要根据学生的基础推荐符合学生实际情况的网站。为了激发学生学习物理的兴趣，可以先将网站上的部分精彩内容在课堂教学中展示出来。当同学们感觉兴趣盎然之时戛然而止，再告诉他们在哪些网站可以找到这些内容。好奇心和兴趣会促使他们主动去获取知识，也可以鼓励学生互相交流，将自己寻找到的好的大学物理学习网站分享给同学。

3.布置探究性学习任务，指导学生利用网上图书馆

国外著名的大学教师常常给学生布置学习任务和研究课题，指导学生利用网上图书馆收集资料，完成学习和研究报告，提高学生的自主学习能力，

这也是探究式教学的基本要求。有著名学者说过："知识有两种，一种是你知道的，另一种是你知道在哪里能找到的。"由于学习条件的限制和教师的教学理念的影响，在中国传统的物理教学中，第二种知识一直没有受到重视。如今，互联网的普及和大规模运用提供了便利的条件。例如，教师可以让学生写一篇有关相对论的研究报告，由于不同学生的关注点不同，有的可能会写相对论的发展史，有的可能会写相对论时空观及在现代航天领域的应用，有的则可能阐述目前人们关于相对论不同观点的争鸣，等等。如此，可以帮助学生练习网上图书馆的使用，还可以充实课堂教学内容。

4.利用网络世界强大的交互性，凸显学生在探究式教学中的主体性

互联网是一个知识的综合体，网上有讨论各种学术专题的论坛，不同论坛涉及的主题和专业方向、范围也不同。鼓励学生的个性化发展，引导他们关注自己感兴趣的物理领域主题论坛，参与讨论，发表意见，提出问题，寻求帮助，在思想交流的过程中激发灵感，进行跨越时空、跨越文化的交流，为培养学生的创新思维提供有利的环境。

（三）提高教师素质，建立开展大学物理探究式教学的教师队伍

1.更新观念，创建探究式教学型师生关系

传统的教师是学生崇拜的偶像、是权威的象征，这种高高在上的权威形象在当今的网络世界中不可能继续维持。所以，教师们要敢于放弃虚幻的自我，把自己从聚光灯下移开，把关注的重心转移到以学生为主的探究式教学模式上来。基于互联网的探究式教学使学生成为物理课程学习的主体，学生做得越多也就学得越多，网络为学生提供了很多与教师接触的条件，教师由学术权威变成学生探索物理知识历程中的同行者，通过这个纽带，师生之间的关系更加和谐。

2.提高教师信息素质，满足互联网时代探索式教学需求

通过国际互联网，教师也有更多充电的机会进行自我提高。互联网上有许多电子论坛都设置了物理类学术专题讨论区，物理专业研究人员的博客中也有许多物理方面的学术思想和学术著作的相关信息。RSS 是 Rich Site Summary（丰富站点汇聚）或 Really Simple Syndication（简洁信息聚合）的简称，这是一种通过教师定制，由网站直接把信息推送到计算机桌面的技术，是传递信息、互动交流领域新技术的典型代表。学生可以通过 RSS 阅读器订阅自己感兴趣的物理专题内容，网站内容有更新时，只要打开计算机，就能看到实时发送的新信息的标题和摘要，并可以有侧重点地选择阅读全文。学生可以选择有代表性的期刊或相关领域关键词、研究主题等，订阅自己关注的信息，每天打开 RSS 阅读器，就能在第一时间获取订阅的最新信息，可以大大节省查询检索的时间，提高获取有效信息的效率。

互联网上有许多物理学方面的专业网站，其中不乏物理学科排名靠前的知名大学和研究机构主办的专业特色鲜明的优秀站点。许多进行物理科学研究的学会和协会也建有专业网站，经常发布物理学科的新的研究领域和新的研究成果，并公布一些最新的学术动态、会议信息等。

学科信息门户网站将一个学科领域内有关的研究机构、同行专家、信息资源、专业会议和参考工具等聚合在一起。物理类学科信息门户网站是为物理教师提供高质量网络信息服务的一个有效入口。

3.合理构建教学梯队，组建有能力开展探究式教学的教师队伍

（1）采取"走出去，请进来"的方式，积极创造有利条件，为教学团队成员提供学习机会，丰富教师的知识结构。通过外出送学、进修培训、交流合作，不断提升教师队伍的业务能力，拓展教师的知识面。邀请国内教学研究专家、教学名师来院传授经验，进行现场指导和交流，开拓团队教师视野，提高教师对教学法的运用技巧。积极创造条件，让更多的教师参加国际和国内会议，及时了解国内外教学改革动向。

（2）建立定期的议教、研教和学术交流制度，精选研究讨论课题，认真开展研讨，及时研究解决教学队伍在教学和科研中遇到的现实性、紧迫性问题，实现教学经验共享、知识结构互补，营造百家争鸣、尊重创新、积极上进、充满生气和活力的工作氛围。建立新老教员"传、帮、带"制度，以老带新，以强带弱，促进青年教师快速成长。建立探究式教学教授"示范课"、副教授"观摩课"和青年教师"竞赛课"制度，定期举行探究式教学观摩活动，活跃教学气氛，互相观摩，取长补短，共同提高。

（3）鼓励教师勇于承担探究式教学研究和教学改革课题，建立探究式教学资源库，多写探究式教学论文、多出成果，充分发挥科研优势，以学术促进教学。制定相应的激励措施，鼓励教师为探究式教学发展献计献策，积极申报各级各类教学研究与改革项目，鼓励教师参加全国性的物理教育交流研讨会和相关学术会议。

第三节 大学物理基本课型教学设计

近年来，学校进行了大胆改革，构建了适合药学类专业基础物理课的课程体系，以及与之配套的教学内容和教学方法，有效地提高了本校大学基础物理课的教学质量。

一、大胆删减，重新组织课程体系

本着大学物理课程应该"面向现代化、面向世界、面向未来"的宗旨，积极引进前沿科学的新思想、新观点、新方法，对大学物理教学内容进行了改革：改变以知识传授为核心的传统教材体系，建立以研究方法为主线的全新的课程体系，形成"精讲经典，加强近代，联系前沿，激发创新"的课程特征。经过几年的教学实践，新的课程体系基本形成，对部分相对陈旧和应用面较窄、与专业结合不是很紧密的内容做了大胆删减或压缩。如完全删除了力学和热学内容，将热学内容归入物理化学课，电学和磁学中与中学的重复内容一律不讲。同时在教学内容安排上，打破常规，将振动、波动、光学部分安排在前，将刚体、电学、磁学内容安排在后，将近代物理、生物物理选修课安排在第二学年，同时解决了高等数学教学安排滞后的问题。

二、精讲、略讲与学生自学相结合，培养学生自学能力

教师在教学时应引起学生的好奇心，激发他们的求知欲，做学生学习的促进者，让学习不再成为他们的负担，而是他们的愿望。强调能力和素质的培养，将以教师为中心、以传授知识为主变为以学生为中心、以培养能力为主，帮助学生掌握正确的学习方法。通过有计划的训练，使学生独自获取新知识的能力大大地提高。从强调依靠教师"教会"，转变为引导学生"学会"，从学生被动的"要我学"，转变成学生主动的"我要学"，充分发挥学生的主观能动性，重视学生学习过程中的非智力因素所起的作用。

教学方法上采用"启发式教学"并尝试"讨论式教学"，充分发挥学生学习的主动性，增进教与学的交流；对有些违背常理的结论，可先提出结论，牢牢吸引学生的注意力，激发学生去探求原理的欲望；使学生能积极主动地投入学习过程中，通过各种方式和方法激发学生的学习兴趣，调动学生学习的积极性；依据学生的差异进行指导，对不同的学生采取不同的管理方法，试行"弹性管理，宽严结合，一手抓、一手放"的做法，使得能力较强且能自我管理的学生有更大的自由度，即"放"；对于能力较低、自觉性较差的学生进行严格管理，即"抓"。课堂时间主要精讲重点、难点、思路和方法，对有些内容和推导则略讲或不讲，留给学生自学，这不仅大大减少了授课时间，更重要的是发挥了学生学习的主动性，提高了学生的自学能力。要加强与学生的情感交流，鼓励学生多思考，敢于对事物做出独立的判断，引导学生从不同侧面、以不同方式去思考问题，教师要对学生的思维过程进行引导，及时发现一些典型错误，引导学生去分析这些错误所导致的后果，然后再回到正确的轨道上来。无论学生的判断离科学实际有多远，教师都要给予鼓励，并逐步培养学生从单一思维向综合思维发展，让学生体验到独立思考的成就

感，在成功中体验学习的乐趣。

三、注重思维训练，提高创新素质

在大学物理的教学中，注重思维训练，努力提高学生的创新素质，并将思维训练贯穿于物理学习的全过程。

（1）正向思维与逆向思维相结合，如电磁学中的电生磁与磁生电，解题时的正推法和倒推法等。

（2）求同思维与求异思维相结合，如通过对振动与波动、干涉与衍射、质点与刚体、电场与磁场进行比较，明确相关知识之间的联系与区别。

（3）发散思维与集中思维相结合，如在习题教学中跳出题海战术的误区，通过一题多解，使学生学会从不同角度、运用不同方法来分析解决同一问题。

（4）定性与定量相结合，如波动光学中定性分析干涉条纹形状与定量计算条纹间距相结合等。

（5）宏观与微观相结合，如电磁学中通电导线受到磁场的安培力和运动电荷受到的洛伦兹力的联系。

（6）整体与局部相结合，如从点电荷的电场到带电体的电场，从电流元的磁场到通电导线的磁场等。

四、力求基础物理教学现代化

为了使课堂教学更加生动、形象，提高学生的学习积极性，除了采用常规的挂图、演示手段外，采用了多媒体教学手段，其突出的教学效果是：生动直观、信息量大，改变了过去粉笔加黑板的教学模式。利用多媒体软件将授课内容制作成电子教案，可以节省大量写板书和画图的时间，缓解了学时少、教学内容多的矛盾，在一定程度上增加了授课信息量，特别是许多用语言和静态图画不易解释清楚的内容，利用动画技术进行模拟，简单明了，学生一看就明白。同时也可以使课堂教学变得生动、形象，从而提高学生学习物理的积极性，增强教学效果，提升教学质量，学生普遍反映较好。

大学基础物理课的教学改革，既解决了教学时数少、教学内容多的矛盾，又提高了学生自学能力，进而提高了教学质量。实践表明，只有全方位的教学改革，才能巩固大学物理的基础地位，使学生在学完大学物理之后，其思维能力和解决实际问题的能力有显著的提高，为今后的专业课程和社会实践活动奠定坚实的基础。

第四节 大学物理教学说课设计

说课是在教学设计的基础上派生出来的一种教研活动形式。说课不仅要说设计，更要说设计的理论依据，它能促进教师提高理论指导实践的意识和水平。说课不仅要阐述教学的过程，而且要与同行或专家进行互动与交流，反思教学中存在的问题并探索改进教学方法和提升教学有效性的途径。实践证明，说课活动对于提高教师教学水平具有重要的作用。

一、说课概述

（一）说课的内涵和特点

1.说课的内涵

说课即授课教师口头表述所授课题的教学设想和理论依据，是教师在完成备课之后，面对同行和教研人员讲述自己的教学设计，然后由同行和教研人员进行评说，达到相互交流、共同提高的目的，是一种教学研究和师资培训活动。通俗地讲，说课其实就是授课教师说明要讲授什么，如何讲授，为何要这样讲授。它是一种说理性活动。

说课，不能简单地停留在对教学设计或教学实施的描述和预测上，重要的是要解释教学设计或教学实施的原因和理由。说课，要明确地阐述教学设计所遵循的实践或理论依据，这样才能真实地传递说课者的教学设计思想，为进一步的交流学习打下基础。说课不仅要说"怎么教"，还要有理有据地讲"为什么这样教"。说课是一种同行之间交流经验的教研活动，是说自己对教学设计或教学实施的认识，这种认识只有通过说课者对课程标准、学习任务、学习者、自身教学能力等多方面因素进行综合考虑之后才能得出。

2. 说课的特点

说课名为"说"，其实也是一种研究，并且要将研究结果向他人呈现出来，进行交流。因此，说课多采用面向同行报告式的陈述语言，而不采用面向学生的启发引导式的教学语言。说课具有简便、灵活的特点。说其简便，是指说课对教学资源的要求不高，几个人在一起花上几十分钟，就可以完成一次说课与评价交流；说其灵活，是指可以根据实际的需要调整说课的方式和内容，而不一定是对一节课进行完整的论说。例如，有时可以说"如何创设教学情境"，有时可以说"某道物理习题的意图和价值"，等等。

（二）说课的类别

说课已成为教学研究活动的一个重要组成部分，因教研活动的目的不同、要求不同，常有不同的分类方法。宏观上，可以分为学科教材、课程资源利用、课程标准和学科课程等。具体而言，主要是说课堂教学的设计策略和实施过程的流程，说课可以分为课前说课和课后说课两种基本类型。根据说课的不同目的，说课可以分为研讨型说课与展现型说课。

1.课前说课

课前说课是在备课后、上课前进行的，这种说课在描述和解释教学设计的基础上，还要注重对课堂教学过程和结果的预测。通常提到说课而不加特别说明时，就是指这种课前说课。

2.课后说课

课后说课是在上课后进行的，除了阐述教学设计和过程外，它特别注重对上课的反思，包括教学策略运用的效果、对原教学设计意图的达成情况、原教学设计的不足和改进的措施，等等。

3.研讨型说课

研讨型说课重在研讨，说课者与听课者围绕着教学设计，对学前分析的准确性、教学理念的先进性、教学内容的适当性、教学方法的合理性、教学手段的针对性等多个方面或其中的某个方面进行研讨，以达到加深教学认识、完善教学设计的目的。所选择的研讨点通常要么是有争议的，要么是有特别价值的。

4.展现型说课

展现型说课则重在展现，说课者展现自己对教学设计或说课规范的把握，听课者通常以学习者、评价者、仲裁者或考核者的面目出现。展现型说课在具体的组织形式上，可以是在充分准备基础上的"胸有成竹"式说课，也可以是几乎无准备时间的"即兴演讲"式说课。

二、大学物理教学说课内容

（一）点明课题

点明课题是指开门见山地直接点明要说的课题，主要包括以下几方面的内容：一是课题及章节，包括课题名称，课题取自什么教材的第几章第几节；二是课的类型，它是概念课还是规律课，是新授课还是复习课，是讲授课还是实验课，等等；三是上课的对象；四是课时，即 1 课时还是 2 课时，等等。

（二）说教材、说学情、说目标和重难点

1.说教材

教材是教学大纲的具体化，是教师教、学生学的具体材料，因此，说课首先要求教师说教材。主要说所讲授教材的内容和作用，分析所讲授内容在整个教材中所处的地位和前后联系，分析教学重点和教学难点等。必要的时候，还要对教材进行一定程度的调整与改编，并说明这种调整与改编的理由

和依据。

2.说学情

分析学生认知水平、思维能力、学习风格、个性特征、学习动机和学生习惯等方面的特点，特别要说明学生对相关内容进行学习时的准备情况，如学生已有的知识体系、能力水平和学习情绪等。在说课中，要注意结合具体的学习任务，有针对性地分析学情，而不是停留在笼统、抽象的论述上。

3.说目标

说教学目标，一要注意教学目标内容的全面性，要在教学内容和学情分析的基础上，全面阐述知识与技能、过程与方法、情感态度与价值观等目标；二要注意教学目标的全体性，所定的目标要与绝大多数学生能够达到的水平相适应，要考虑包括中下水平在内的全体学生的接受能力；三要注意教学目标的层次性，知识与技能、过程与方法、情感态度与价值观三个维度的目标都有不同的层次，如知识与技能的目标有"识记""理解""运用"等层次，要根据教学课题与学生实际，适当地制定教学目标。说教学目标切忌脱离课题和学生，避免说大话、说空话。

4.说重点和难点

说重点和难点，一是要说哪些是重点和难点，物理基本概念规律、重要的技能、能力和方法、科学的态度和情感等物理学精髓常常是教学的重点，而物理学中比较抽象的、远离学生生活经验的、逻辑与推理比较复杂的、过程比较烦琐的内容则往往是教学的难点；二是要说明它们为什么是重点或难点，所依据的理由往往可以从内容本身的特点、学生的接受能力等方面出发进行阐述；三是要说清如何突出重点、怎样突破难点。

（三）说教学过程

说教学过程是说课的重要部分，它反映了教师的教学思想、教学个性和教学风格，通过这一过程的分析能看到说课者独具匠心的教学安排。通过说课者对教学过程的阐述，也能看到其教学安排是否科学合理。说教学过程需要说清楚三个问题：一是说教法和学法，即每个环节中师生双方的主要活动，包括教师的创设情境、引导、应变、板书、呈现、布置作业等教学行为与意图，以及预期学生相应的观察、提问、猜想、实验、推理、评价、交流等学习活动。二是说教学手段和采用这些手段的依据。教法、学法和手段的选择和运用，一般可以从现代教学思想、课程理念、有效教学理论中找到理论依据，还要结合对具体教学内容、教学对象、教学任务的分析等找到实践依据。三要说检测预期教学目标的达成途径，比如，如何检查知识目标的达成，如何检查能力目标的达成，如何检查态度情感目标的达成，等等。说教学过程，要从教学内容和学生实际出发，结合重点和难点的突破，围绕教学目标的达成，简明扼要地进行论述，切忌流水账式的陈述。最后展示板书设计。

（四）说整体设计

说整体设计，一要说教学设计的总体思想。这种设计的总体思想可以反映出说课者的教学思想和教学理念的先进性和针对性，它主要是在学习和领悟物理课程目标、物理课程基本理念、物理探究式教学理论和其他现代教学理论的基础上，通过实践反思形成的说课者的教学智慧，对具体课程的设计有决定性的指导作用，如"自主、探究、合作"学习理论常常成为许多物理课程设计的理论依据。二要说教学的程序和环节。教学程序和环节既是教学设计思想的具体化，又具有一定的概括性，应当结合具体课题的性质来确定这种程序和环节，如针对探究性课题，可以分为创设情境、提出问题、启发思考、实施探究、交流评价；针对复习课则可以分为知识回顾、典型例题、总结归纳，等等。

三、大学物理教学说课应遵循的原则

（一）说课要突出理论且说理要精辟

说课的关键在于说理，也就是要说清为什么要进行这样的教学设计。没有理论指导的教学实践，只能算是经验型的教学，其结果是高消耗、低效率。所以，要说好课，授课教师必须加强理论学习，熟知教育教学规律，同时具备扎实的专业基础、又能充分考虑学生的成长规律，并适时主动接受教育和教学改革研究的新成果。

（二）说课要客观且可操作性要强

说课的内容必须科学合理、真实客观，不能故弄玄虚，生搬硬套一些教育教学原理。要真实地反映自己将怎样做、为何要这样做，要能引起听者的思考，通过相互交流，进而完善说者的教学设计。说课是服务于课堂教学实践的，说课中的每一环节都应具有可操作性，如果说课只是为说而说，而不能落实在具体的教学实践中，就会使说课流于形式，使说课变成夸夸其谈的花架子。

（三）说课要简练准确且紧凑连贯

　　说课的语言应具有较强的针对性，语言表达要简练干脆，不要拘谨，要有声有色，灵活多变，既要把问题论述清楚，又切忌过长，避免陈词滥调、泛泛而谈，力求言简意赅，文辞准确，前后连贯紧凑，过渡流畅自然。

　　说课是教学研究的重要内容，是提升教师课堂教学水平、提高教学质量的重要途径之一。要说好课，教师必须认真钻研教材，仔细阅读教学大纲，了解并研究学生的实际情况，精心设计教学过程。

第四章 大学物理教学技能与课堂讲授

第一节 大学物理教学技能

虽然国内开展素质教育已很多年，也取得了一些成绩，但当前的高等教育，在学生的求学过程中还是过多注重知识传播，而忽略实际技能的培养，在高等教育阶段所传授的知识，无法自动转化为更高的就业技能与生活水平，更不能转化成有效的生产力。

作为高等教育阶段最为重要的基础课程之一，大学物理是高等教育中为数不多的能够将知识与技能相结合的课程。同时，在一定程度上，物理学转化为技能的水平，代表了社会平均生产力。本节通过分析大学物理课程的学科特点，从大学物理理论教学与实验教学两个方面分析其对学生技能培养的作用，进而分析其对学生就业与社会发展的影响。本节的结论对研究高等教育中知识与技能的结合方式具有一定的启发，能够为今后的教学工作提供新的思路。

一、知识与技能的关系

经过长期的进化与发展，人们已经储备并系统化了大量的知识，以对被感知的世界中的各种现象进行分析与解释，并对未来进行预判。尤其进入到现代社会以来，跨越式的科技进步推动了社会经济发展，加快了知识的更新速度，并提高了生产中的人们的技能水平。

对知识的掌握主要是在持续不断的学习中实现的，而知识的价值，将以人们所掌握的技能的形式得到体现。同时，知识对技能的影响主要来源于对团队合作与谈判能力等软技能的影响与对使用仪器设备等硬技能的影响。掌握知识是提高技能的必经之路，而人们的技能的提高，势必会使人们对客观事物产生新的认识，促进新的知识的产生。因此，在人类发展的道路上，知识与技能缺一不可，它们相互影响、相互促进，其重要性在工业生产中具有同效性。同时，人们掌握技能的程度是创造就业与推动经济增长的关键。

二、大学物理教学对软技能培养的作用

随着科技的发展，人们的生活与工业生产方式都在悄然改变，而其中对技能要求发生变化最为明显的不是在体力工作领域，而是在对日常事务的认知技能方面。同时，当前互联网技术的发展，使记忆知识的重要性有所下降，良好的工作状态越来越依赖于思维模式和工作模式。因此，在日常教学工作与课程设计中，应更加注重培养学生的创新能力、批判性思维、判断能力、解决问题的能力和团队协作能力等软技能的培养。

高等教育阶段是我们获得知识最为重要的阶段，并且是走入工作岗位之前能够花费长时间系统学习专业知识的最后一个时期。因此，这个过程无论是对学生个人还是对学校发展都非常重要。学以致用是我们学习知识的根本目的。传统的教学模式，在教学过程强调解决问题时采用分割法，将单个问题分解成容易解决的几个部分，再将其结果进行组合。而当今的创造性工作

都是综合应用各学科知识，在其间建立起联系并提炼出所需信息，针对所遇到的问题进行工作的过程。因此，单一的知识结构，已经无法适应当今社会的快速发展需求。作为融合科学理论与实验技能的一门综合性课程，大学物理能够帮助学生养成良好的逻辑推理能力，并通过对不断进步的最新理论的学习，使学生在批判性思维与创新能力等软技能方面得到全方位的训练。例如，物理学理论以数学作为基础，有助于培养逻辑思维；物理学以认识客观世界的规律为目的，有利于培养创新能力与批判性思维；物理学为观察结果提供依据，注重判断能力与解决问题的能力等。

三、大学物理教学对学生硬技能培养的作用

当今的教育，已从学历教育逐渐转化为终身教育，从标准化与达到学习要求转变到因材施教，从以课程为中心过渡到以学习者为中心的阶段。政府制定政策的焦点由向人民提供教育服务转变为教育的成果化，即高等教育的目标也在发生着变化，并以传授知识与提高技能并举为重点。

作为实验性科学，物理学在研究过程中很多时候需要借助实验性结果来验证人们对客观世界的认识，而从实验设计到得到实验结果的整个过程，对研究者的专业知识、软硬件技术、仪器设备操作技能、成果总结技能、团队协作能力等提出了很高的要求。而这也说明，物理学是一门知识与技能的结合度非常高的学科。因此，通过大学物理教学中的重要的实践课程——大学物理实验，学生不仅可以掌握大量实验仪器的操作技能，还可以消化在大学物理理论学习中所掌握的知识，为今后的进阶学习提供帮助。同时，在学习过程中所得到的"软+硬"技能的训练，能够对学生其他专业的学习提供更多帮助，使其具有良好的就业前景。单纯的知识的获得，不符合未来对人才

的评判标准，而单一注重技能培养又非高等教育之目标。因此，唯有两手并举，才能顺应时代发展，为个人、为社会发展创造更多有利条件。大学物理课程作为知识与技能结合的有效载体，将是教学改革过程中良好的试验平台，能够为其他课程的教学提供经验和方向。

在教育过程中除了知识的传播之外，应将技能培养并重。

第二节 课堂讲授中的技术性问题

一、课堂教学方法应当多样化

（一）将大学物理中抽象的问题转化为直观动态的问题

抽象是指从众多的事物中抽取出共同的本质性的特征，而舍弃其非本质的特征。物理学的大部分问题是抽象的，甚至很多问题是看不见摸不着的。需要将抽象的问题变得直观和生动，才能帮助学生更好地理解和掌握知识。如在研究刚体转动时，对刚体概念的理解对学生来说不是难题，但刚体的平动和转动就不容易区分，因刚体的平动和转动与生活中理解的平动和转动并不完全一致。教师可以借助多媒体的动画效果，帮助学生直观、准确地区分平动和转动。动画效果可以是制作的，也可以来自现实生活中。再如研究刚体的角动量守恒时，可以引用一段花样滑冰的视频，花样滑冰运动员在单脚旋转时，为了让自己旋转的速度变得更快需要下蹲，并将一只脚收回，通过观看此视频，学生更容易理解刚体的角动量守恒定律的物理内涵。将抽象的物理情景直观生动化，并与生活有机结合，不但可以提高学生的学习兴趣和学习效率，还能提高学生学习的主动性。

（二）将物理学的思想渗透到大学物理课堂

与中学物理相比，大学物理除有更多的公式、推导和计算外，还包括力、热、光、电和近代物理学中更高的应用价值。大学物理中的力学是学生学习大学物理的入门课程，通过力学部分的教学，应该引导学生在哪些方面获得比中学物理力学更有价值和意义的内容，这就是大学物理力学课堂教学过程中值得思考的问题。如果说，在中学物理中学习物理学是引导学生向物理学的大门跨进第一步，那么在大学物理学中再一次学习物理学时，就应该在更高的层次系统化地开展物理学内容学习的同时，向学生渗透物理学思想。

（三）迁移式和循序渐进的物理学课堂教学

理工科学生在进入大学前，已经学习了五年的中学物理，已有一定的物理知识基础。在大学阶段学习更深的物理学知识时，学生可以回忆在中学已学到的知识，做到循序渐进，进一步加以深化。比如，在学习电磁学部分的洛伦兹力和安培力的区别和联系时，讲到安培力是洛伦兹力的宏观表现时，学生可能会迷惑，洛伦兹力不做功，而安培力要做功，不就相互矛盾了。这要与力学中的冲量结合起来讲解，让学生充分理解他们之间的区别，真正领悟其中的原因，而不能一笔带过。将大学物理中的概念、知识点与中学阶段所学的知识加以比较和总结，可以得出新的概念，促进学生对新知识的理解，实现正向迁移。

二、大学物理课堂教学内容的有效安排

（一）大学物理课堂教学内容与高中物理有效衔接

高中物理学习开始于力学，力学既是高中物理的基础知识，也是重点和难点所在。尽管整个高一阶段学生都在学习力学，但部分学生对力学知识掌握得并不扎实，且高中物理中的力学还是比较基础的知识，学生的知识水平也参差不齐。大学物理学习同样是从力学开始的，但知识点要比高中阶段的内容深奥。大学物理教师在课堂教学中要达到课堂的有效教学效果，需要与高中物理知识相结合，循序渐进地引入新的知识。否则学生容易在刚开始学习大学物理时就失去信心。加强大学物理与高中物理的有效衔接，对培养学生学习物理学的兴趣起到促进作用。

（二）大学物理课堂教学内容的组织原则

组织原则是指为了实现有效管理职能、提高管理效率和实现一定的目标而建立的管理机构共同遵循的原则。为提高物理学课堂教学的有效性和学生学习的效率，在组织大学物理课堂教学内容时也需要有良好的组织原则。如教师在课堂中讲授力学中的三种碰撞类型时，目的是让学生先区分三种碰撞，再得出三种不同的表达式。教师就要以三种不同的碰撞类型作为本节课目标的组织原则，所举的例子就要围绕这个组织原则进行选择，学生也会按照教师意愿对三种碰撞类型进行理解。

（三）大学物理课堂教学内容的呈现方式

大部分物理知识都比较抽象，课堂上针对同一个问题的不同呈现方式会直接影响学生学习的效果。综合使用文字呈现、口头呈现和多媒体呈现方式，要比单一使用其中一种方式的呈现效果好；以习题或问题引入的呈现方式比直接呈现知识点的效果好；而同样的物理学教材，在不同教师和学生之间，也会产生不同的教学效果。不同的教师有不同的理念，不同的理念就会有不同的教学设计，不同的教学设计就会导致课堂内容的呈现方式不同，不同的呈现方式会产生不同的教学效果。所以在进行教学设计时，要寻找最有效的呈现方式，让学生在课堂学习中有最好的收获。

（四）大学物理课堂教学内容与现实生活的联系

针对物理学中许多抽象的物理问题，如能结合实际生活中的实例进行教学，有助于学生更好地理解抽象的物理知识。这就要求教师在备课过程中，应更多地将现实生活中的实例有机融入物理课堂教学中。比如，在讲力学中的质心运动定律时，教师可以从跳水运动实例引入。跳水运动员在空中运动时，身体的重心所经过的路线就是一条抛物线，质心的运动规律可以代表整个物体的运动规律，这样学生就能更容易地理解质心的概念和学习质心运动定律的意义。物理知识实际上是来源于生活而高于生活的，若脱离生活实际，就容易产生学习物理知识无用论。让课堂教学内容回归现实生活，不但可以帮助学生更好地理解和记忆物理知识，还可以帮助学生提高学习效率，激发学生的学习兴趣。

三、教师对大学物理课堂教学效果的影响

课堂教学是教师和学生的互动过程，并不是简单的教师教、学生学的过程，而是一个非常复杂的传递知识、情感和价值观的过程。教师的个人因素会对物理课堂教学的效率和效果产生影响。

（一）教师的物理知识水平对课堂教学效果的影响

教师现有的知识水平包括专业知识和非专业知识，专业知识是指一定范围内相对稳定的系统化的知识。从事大学物理教学的教师，除了掌握教学所需的专业知识体系外，还应具备广博的与物理专业有关的各门学科的知识，同时应具有广泛的兴趣爱好。

教师在课堂中合理利用非专业知识可以促进学生对知识的理解和掌握，比如，教师在讲课的时候通过学生的举动和眼神来判断学生对知识的掌握情况，如发现学生未理解，教师应及时加以补充讲解或练习。又如，教师在讲相对速度、绝对速度和牵连速度时，由于这些速度是在不同参考系下建立的，如果只按书本把矢量关系式画完，学生只能勉强知道这三种速度之间的关系，却很难处理这三个速度之间的矢量关系。这时教师可以利用生活中的实例加以补充解释："下雨天学生走路回家，将雨滴作为研究对象，把地面选为基本参考系，学生自己为运动参考系，这时学生相对地面的速度叫牵连速度，雨滴相对学生的速度叫相对速度，雨滴相对地面的速度叫绝对速度。"通过实例教学促进学生对知识的理解和应用。同时，教师的非专业知识对学生新知识的掌握起到加强记忆的作用。

（二）教师的责任感对物理课堂教学效果的影响

在课堂教学中，教师要明确自己的责任。教师的本质是教书育人，教师在传授知识的同时还肩负着育人的责任。教师要在教学的同时关注学生的学习状态，不能单纯地为了完成教学任务而讲课。要想获得好的课堂教学效果，教师必须有强烈的责任感。

（三）教师的情绪对物理课堂教学效果的影响

如果教师在讲课时情绪低落、心情沉重，将不良情绪带到课堂上，课堂气氛死板，对学生冷淡，不能激励学生，会对课堂教学效果产生不利影响如；如果教师情绪稳定，对学生的情绪具有敏锐的洞察力，能在课堂教学中及时掌握学生学习的情绪和对知识的理解，课堂教学将呈现积极进取、愉快的学习气氛。教师的情绪会影响学生学习的效率和主动性，久而久之会影响学生对大学物理的学习情绪。

总之，教师的个人因素对课堂教学效果有不可忽视的影响，教师要经常给自己充电，不断丰富自己的知识结构，并保持良好的情绪，才能收获好的课堂教学效果。

四、学生的素质对课堂教学效果的影响

（一）学生原有物理知识对课堂教学效果的影响

在课堂教学中，学生是学习的主体，对课堂教学效果有直接影响。学生对原有的物理学知识掌握的程度，会直接影响学生对大学物理知识的理解和学习兴趣。部分学生在高中时就没有掌握好物理知识，甚至部分学生一直害怕或排斥学习物理。这就要求教师在课堂教学的过程中，努力转变学生对物理学习的厌倦心理，从简单到复杂，逐步引导，循序渐进，加强学生对学习物理学的信心。

（二）学生学习的主动性对课堂教学效果的影响

大学课堂教学主要是教给学生学习的方法，所以学生学习的主动性非常重要，它直接影响学生在课堂教学中的学习效果。具有学习主动性的学生能做到课后及时复习巩固，对知识掌握更加牢固，同时会对之后更深层知识的学习越来越有信心。大学物理和其他科目一样，一般都是从易到难的，学生学习的主动性对课堂教学效果有促进作用。

五、根据学生实际情况因材施教

大学物理是理工科专业的一门基础课，它的主要任务是在高中物理的基础上进一步提高学生现代科学素养。这就要求课堂教学要充分体现学生的自主性，不应满堂灌，引导学生去思考和理解。根据学生实际学习的能力，一些简单的知识点或例题，可以让学生自己思考，自己分析，小组讨论，也可以让学生上讲台讲解，将自己的思想和方法分享给同学，这样有助于提高学生学习的主动性和思考水平，让学生有更多的收获，通过亲身体会让学生真正领会其中的物理意义。比如，讲授牛顿运动定律的应用时，可以让学生先总结高中阶段所学的有关物理知识，结合课堂内容自己进行概括并分析，这样可以提高学生分析解决问题的能力。同时，教师觉得简单的问题，学生可能还有疑惑与不解。大学课堂不是教师一个人的空间，而是与所有学生组成的一个整体，这就要求教师在课堂教学中要留出时间，让学生去思考，学会解决问题，学会领悟知识的内涵。虽然是大学课堂，教师同样要多关注学生学习的效果，让学生学会自主学习。

课堂教学是培养学生能力的一个重要阵地，它的作用不仅仅是传授知识，更重要的是培养学生的科学思维能力、分析问题能力、解决问题能力和创新能力等。要提高大学物理的教学效果，一是在教学方法和教学手段上进行改革，利用 MOOC、微课等进行教学，在教学内容中同时加入物理学史的内容，激发学生学习物理知识的兴趣与热情；二是要建立大学物理教学团队，开展教学研讨、教学比赛及课题研究等；三是加强大学物理教师外出学习培训力度，拓宽视野，增强教师的职业动力；四是提高学生学习兴趣，实现师生双向互动，变以教师为中心为以学生为中心。

总之，提高大学物理课堂教学效果是一项长期工作，要结合因材施教的教学理念，在教学目标、教学内容、教学方法和教学评价等方面都不断地进行探索和改进，才能使大学物理的课堂教学效果得到切实有效的提高。

第三节 物理教学中多媒体技术的应用

一、多媒体技术在大学物理教学中的优势

（一）简化备课，提升效率

基于大学物理教学的角度来讲，备课作为物理教学的关键环节，备课质量能否得到有效的保障，直接关系到大学物理教学的效果。教师利用计算机备课，有助于弥补传统备课存在的不足，克服了传统备课无法实现的问题，有助于为学生呈现完整的知识体系。利用多媒体技术进行备课，物理教师可以将抽象化的物理知识以图片、视频、动画等形式直观地呈现给学生，在某种程度上丰富了物理教学课堂，为学生带来全新的体验，学生可以打印教学课件，课后仔细研究这部分内容，强化学生对物理知识的理解，进而提高物理教学的质量。

（二）创设情境，激发热情

作为全新的教学模式，创设教学情境对于提高课堂教学效率至关重要。通过大学物理情境教学工作的开展，能够激发学生的兴趣，改善以往教学中学生容易疲倦的情况，帮助学生缓解疲劳。而且情境教学可以更好地实现师生互动，拉近师生之间的距离，促使学生积极主动配合教师完成物理教学任

务。众所周知，作为抽象化学科，物理学中有着诸多抽象化的概念，大大增加了学生的理解难度，而多媒体技术在大学物理教学中的运用，有效地解决了这一教学难题，为物理学习提供了重要的保障，进而提高物理教学的效果。

（三）突出重点，突破难点

多媒体技术在大学物理教学中的运用，有利于化静为动，具有形象性，有利于消除由各种原因造成的思维障碍和语言障碍，从而达到突出重点，突破难点的功效。学生自身的差异性决定着学生对知识的接收能力的差异，如果教师单纯依靠讲解，难以保证学生能对知识点进行很好的把握，而多媒体技术的有效运用，可以促使学生进行深层次学习。

二、大学物理多媒体教学现存的不足

（一）教学手段缺乏灵活性

虽然多媒体教学有着诸多优势，取得了较为显著的效果，但在实际的应用过程中仍然存在很多不足之处，多媒体教学缺乏灵活性。从传统板书教学的角度来讲，物理教师能够保证教学过程的灵活多变，针对部分非重点内容，教师可以随时擦掉，而对于部分较为重点的内容，可以在黑板上长时间留存，以备学生随时观看。但多媒体教学主要以教学课件为主，通常以演示文稿的形式展示给学生，教师在运用多媒体技术进行教学时，主要靠调整多媒体播放速度控制教学节奏，灵活性较差。

（二）削弱了教师的主导地位

在使用多媒体进行物理教学时，物理教师受到多媒体课件影响较大，使得教师在物理教学中临场发挥的能力受到一定的限制。多媒体教学主要依靠教学课件，如果物理教师将课件设计得过于简单，很多教学内容需要教师进行补充，此时教师需要进行板书书写并进行讲解，帮助学生理解此部分知识。如果教学课件设计过于详细，教师完全被课件所束缚，只能按照教学课件进行讲解，当前这种教学方式过于依赖课件，没有为教师提供自我展示的机会，出现了照本宣科的现象，此时过于强调多媒体的教学优势，往往忽视了教师的主导地位。

（三）教学效率的提高受限

多媒体技术虽然在教学中有着较好的应用效果，但由于受到学生接受能力、理解能力的限制，多媒体教学也受到一定的限制。在使用多媒体进行物理教学时，虽然能够在较短的时间内完成教学任务，但并不是多媒体教学结束后，物理教学工作就会结束，学生能否更好地掌握和理解物理知识才是关键。尤其对于物理实验教学而言，需要学生亲手做实验，这个过程中需要很长的时间，需要学生按照具体实验步骤进行操作。由此可见，多媒体对物理教学效率的提高有限。

三、多媒体技术在大学物理教学中的应用

（一）多媒体教学与传统教学相结合

在大学物理教学过程中，如果物理教师过于注重现代教学技术的运用，将会出现重形式轻效果的现象。传统教学与多媒体教学只是不同的形式，传统教学与多媒体教学并不是对立统一的关系。众所周知，物理作为抽象化学科，往往涉及诸多重要的公式，传统教学可以利用板书展示公式推导过程，帮助学生理解，但多媒体教学主要展示的是课件部分，不能帮助学生很好地理解过程，这也是传统教学所具备的优势。物理教师在讲解例题时，通过传统教学法，可以更好地为学生进行展示，使学生能够详细看清每步是怎么得来的，而多媒体教学则无法实现这一点。由此可见，物理教师在开展物理教学时，要注重将传统教学与多媒体教学相结合，只有实现二者之间的巧妙结合，最大限度地发挥两种教学的优势，才能够在真正意义上提高大学物理教学效果。

（二）精心设计多媒体课件

教师在进行多媒体教学时，能否保证多媒体教学质量，关键在于多媒体课件的制作，物理教师要给予足够的重视，并且能够根据多媒体教学的要求，合理制作课件。在多媒体课件的制作过程中，可运用视频或者动画的形式，为学生展示物理实验操作流程，但需要引起注意的是，必须保证其主次分明，要突出教学的重点内容。教师要想设计出高质量的教学课件，则需要深入挖掘物理教学内容，提取物理教学重点及难点，在充分利用教材的基础上，要

将物理发展史、物理文化融入具体教学当中。除此之外，物理教师还需要从多渠道收集教学资料，对于所收集的资料进行筛选，从中选择出有助于物理教学的信息，并且将这些内容应用到课件当中，不断丰富物理教学课件的内容，为学生提供更丰富的学习内容。

（三）明确教师的主导地位

在大学物理教学过程中，物理教师要加强与学生之间的交流，增进师生之间的感情。虽然多媒体技术为物理教学提供了重要的技术支持，但还需要发挥教师的主导作用，教师的手势引导、肢体语言等构成了重要的教学信息，为学生物理学习提供了重要的指导作用，而当前这些重要的信息是任何教学手段都无法取代的。由此可见，要想保证物理教学的效果，则需要预先明确教师的主导地位。基于此，物理教师在利用多媒体技术开展物理教学活动时，要根据实际教学的需要，注重集中学生的课堂注意力，同时还需要发挥传统教学的优势，激发学生的物理学习热情，使得可以学生更好地参与到教学当中，以此来提高物理教学的效果。

综上所述，大学物理作为重要的专业科目，通过物理教学工作的开展，有助于培养学生的实践能力，提高学生的物理素养。在实际的教学过程中，物理教师要意识到多媒体技术在物理教学中的优势，为了保证多媒体教学效果最优化，物理教师需要加大对教材的研究力度，深入研究教材，将物理教学的重点及难点通过多媒体技术直观展示出来，增强学生的学习兴趣。在保证当前教学工作的基础上，要认识到传统教学的优势，并且将传统教学与多媒体教学进行有机结合，最大限度地发挥多媒体教学的作用，帮助学生更好地理解物理知识，以此来实现物理教学效果的最优化目标。

第五章 大学物理实验教学策略

第一节 实验教学策略概述

一、实验教学策略的概念

要探讨实验教学策略，首先必须正确理解实验教学策略的范畴和含义。实验教学策略是实验教学设计的有机组成部分，是在特定实验教学情境中为实现实验教学目标和适应学生学习的需要而采取的实验教学行为方式或实验教学活动方式。这个表述包含三层含义：①实验教学策略从属于实验教学设计，确定或选择实验教学策略是实验教学设计的任务之一；②实验教学策略的制定以特定的实验教学目标和实验教学对象为依据；③实验教学策略既有观念驱动功能，又有实践操作功能，是将实验教学思想或模式转化为实验教学行为的桥梁。

二、相关概念与实验教学策略的关系

要正确把握实验教学策略的概念，还有必要弄清实验教学策略与实验教学设计、实验教学方法等相关概念的关系。

（一）实验教学设计与实验教学策略的关系

根据加涅的教学设计原理，把实验教学设计分为鉴别实验教学目标、进行任务分析、鉴别起始行为特征、建立课程标准、提出实验教学策略、创设和选择实验教学材料、执行形成性和总结性评价等几大部分。由此可见，实验教学设计与实验教学策略是整体与部分的关系。实验教学设计的内容是实验教学目标的整体性实施方案，实验教学策略仅为其中的一个组成部分。实验教学策略主要涉及实验教学中教师怎样教的问题，如课堂实验教学组织、实施、管理等方面的活动方式或行为方针。

（二）实验教学方法与实验教学策略的关系

实验教学方法是为完成实验教学任务而采取的方法，它包括教师教的方法和学生学的方法，是教师引导学生掌握知识技能、获得身心发展而共同活动的方法。要有效地完成实验教学任务，必须正确选择和运用实验教学方法。实验教学策略的外延比实验教学方法宽，它不仅包括对实验教学方法的选择，还包括对实验教学组织形式、实验教学媒体的选择等内容，而且在具体实验教学方法的组合上也存在着策略问题。

（三）实验教学观念与实验教学策略的关系

实验教学观念是一个比较宽泛的概念，如学生观、教师观、人才观等。而实验教学策略是在一种或多种实验教学观念或理论的指导下确定和提出的，它本身的选择或制定受到实验教学观念或实验教学理论的制约，是实验教学观念或理论的具体化。实验教学策略具有更强的操作性，对教师行为有更具体的指导性。

三、实验教学策略的特点

（一）实验教学策略的指向性

实验教学策略是为实际的实验教学服务的，是为了达到一定的实验教学目标和实验教学效果而做的工作。目标是整个实验教学过程的出发点，实验教学策略的选择行为当然也不是主观随意的，而是指向一定目标的。任何实验教学策略都指向特定的问题情境、特定的实验教学内容、特定的实验教学目标，规定着师生的实验教学行为。放之四海皆准的实验教学策略是不存在的。只有在具体的条件下，在特定的范畴中，实验教学策略才能发挥出它的价值。当完成了既定的任务，解决了想解决的问题，一个策略就达到了应用的目的。针对新的问题、新的学习任务与内容，又将采取新的实验教学策略。

（二）实验教学策略的整合性

实验教学过程是一个彼此之间相互联系、相互作用的整体，其中的任何一个子过程都会牵涉到其他过程。因此，在选择和制定实验教学策略时，必须统观实验教学的全过程，综合考虑其中的各种要素，在此基础上对实验教学进程和师生相互作用方式做出全面的安排，并能在实施过程中及时地反馈、调整。也就是说，实验教学策略不是某一单方面的实验教学谋划或措施，而是某一范畴内具体实验教学方式、措施等的优化组合、合理构建与和谐协同。

（三）实验教学策略的可操作性

任何实验教学策略都是针对实验教学目标的每一具体要求而制定的，具有与之相对应的方法、技术和实施程序，它要转化为教师与学生的具体行动，这就要求实验教学策略必须是可操作的。没有可操作性的实验教学策略是没有实际价值的。从这个角度来说，实验教学策略就是达到实验教学目标的具体的实施计划或实施方案，并且可以转化为教师的外部动作，最终通过外部动作来达到实验教学目标。

（四）实验教学策略的灵活性

实验教学策略不是万能的，不存在一个能适应任何情况的实验教学策略。同时，实验教学策略与实验教学问题之间的关系也不是绝对的对应关系，同一策略可以解决不同的问题，不同的策略也可以解决相同的问题，这说明实验教学策略具有灵活性。实验教学策略的灵活性还表现在实验教学策略的运用要随问题情境、目标、内容和实验教学对象的变化而变化。实验教学中不同实验教学策略面对同一学习群体会产生不同的效果，即便是采用相同的实验教学策略教授同样的内容，对不同的学习群体也会产生不同的实验教学效果。

（五）实验教学策略的调控性

实验教学活动过程有元认知的参与，实验教学策略才具有调控的特性。元认知表现为主体能够根据活动的要求，选择适当的解决问题的方法，监控认知活动的进程，不断取得和分析反馈信息，及时调控自己的认知过程，维持和修正解决问题的方法和手段。实验教学活动的元认知就是教师对自身的实验教学活动的自觉意识和自觉调节，教师能够根据对实验教学的进程及其各种要素的认识进行反思，及时把握实验教学过程中的各种信息，及时反馈和调整实验教学的进程，以及师生之间相互作用的方式，推进实验教学的开展，向实验教学目标迈进。

四、实验教学策略的类型

自实验教学策略概念的提出以来，对实验教学策略类型的划分，也成为人们研究的重要内容。这里主要介绍内容型策略、形式型策略、方法型策略和综合型策略。

（一）内容型策略

内容型策略主要是指根据实验教学内容的难易程度和内在的逻辑结构安排实验教学活动的策略。有人基于同化学习理论，认为实验教学应根据其内容采用序列化策略，先呈现先行组织者，接着呈现更详细、更具体的相关概念。有人将实验教学内容划分为不同层次，按照从简单到复杂，从部分到整体的顺序进行实验教学。也有人通过对知识结构的分析和对认知过程与学习理论的理解来设计实验教学策略。

（二）形式型策略

形式型策略是以实验教学组织形式为中心的策略。有人以集体实验教学形式、个别学习形式和小组实验教学形式为中心安排实验教学环节；也有人用以实验教学为中心的策略和以学生为中心的策略来组织实验教学。另外，还有人以时间、学习者和任务为中心的策略来组织实验教学等。

（三）方法型策略

方法型策略是以实验教学技术和方法为中心的策略。实验教学方法分类目前还没有统一的标准。有人根据实验教学步骤提出讲解策略（包括呈现信息、检查接受、提供机会、应用）和经验策略（提供表现行为的机会、检查对因果关系的理解度、提问检查对原理的理解度、应用），利用两种主要实验教学策略之间产生的许多变式，进一步构建其总体策略。也有人认为，学习内容的呈现方式主要是讲解和探究，将呈现方式与呈现要素（定义、程序、原理式具体例子）进行匹配，再衍生出多种实验教学传递方法。

（四）综合型策略

综合型策略主要是以实验教学任务的类型为中心实施实验教学的策略。如围绕实验教学任务，规定针对不同的学习目标采取不同的实验教学措施，包括讲解策略、练习性策略、问题定向性策略和综合能动性策略。讲解策略是提供讲述性知识在学习环境中的各种实验教学变量，如名称、定义、例子等；练习性策略是提供以前未遇到过的问题情境，详细说明基本信息、形式、问题数量，提供统一的建议指导，进行错误分析，做出总结；问题定向性策略是提供该领域专门的问题情境；综合能动性策略是为学习者提供积极运用其知识库的情境，发展高层次的思维能力。实验教学策略还有很多种类型，可以根据各自的实际情况进行选择，甚至是再创造。学生的起始状态决定着实验教学的起点。实验教学策略的灵活运用有助于问题的解决。

五、实验教学策略的影响因素及制定依据

实验教学策略是复杂多样的，影响因素比较多，都关系到它的有效性。一般来说，能实现实验教学目标的实验教学策略是有效的，当然有效实验教学要求能保持学习者的学习积极性。因此，有效实验教学策略制定或选择的基本依据主要包括实验教学目标、实验教学对象、实验教学者等方面的因素。

（一）实验教学目标是实验教学策略制定或选择的决定性因素

不同的实验教学目标与实验教学任务需要不同的实验教学策略去完成。知识掌握的策略、技能形成的策略、激发动机的策略、行为矫正的策略等，显然是针对不同的目标和任务的。不同学科性质的实验教学内容，也应采用不同的实验教学策略，而某一学科中不同的实验教学内容，也应采用与之相适应的实验教学策略。例如，同样是物理课程，如果目标是掌握基本的原理，提高对物理学习的兴趣，那么在进行实验教学策略制定的时候就应该考虑那些与日常生活有紧密联系的材料，注重趣味性和实用性。而如果目标是培养对物理有天赋的学生，鼓励他们自己进行研究，发现原理，激起探究欲望，那么在实验教学中就应该多鼓励他们自己动手，给他们一定难度的材料，满足他们的求知欲。

（二）学习者的初始状态是实验教学策略制定或选择的基础

教师的教是为了学生的学，实验教学策略要适合学生的基础条件和个性特征。对学生学习主体作用的重视，也是现代实验教学观的基本特征之一。

学生的初始状态主要指学习者现有的知识和技能水平、学习风格、心理发展水平等。实践表明，如果仅根据实验教学目标制定实验教学策略，无视学习者的初始状态，那么制定或选择的实验教学策略就会因缺乏针对性而失效。因为学习者的初始状态决定着实验教学的起点，实验教学策略的制定或选择必须以此为起点进行具体分析。所以，制定或选择实验教学策略要考虑学生对某种策略在智力、能力、学习态度、班级学习氛围等方面的准备水平，要能调动学生学习的积极性，激发学生的学习兴趣。现代教育心理学理论认为，实验教学应在学习者的最近发展区开始才能达到最佳的实验教学效果。学习者的最近发展区与其学习的初始状态有密切的联系。如果说对实验教学目标的分析是制定或选择实验教学策略的前提，那么对学习者初始状态的分析则是制定有效实验教学策略的基础。例如，自学辅导实验教学策略和探究研讨实验教学策略要求学生对所学知识要有一定的旧知基础，并掌握初步的自学方法和思维方法，如果运用在高年级就容易达到预期目的，如果把它们应用于小学低年级，就不会有好的效果。

（三）教师自身的特征是有效实验教学策略制定或选择的重要条件

实验教学策略的运用是要通过教师来实现的，每个教师在制定或选择实验教学策略时都要考虑自身的学识、能力、性格及身体等方面的条件，尽量扬长避短，选择那种最能表现自己才华，施展自己聪明才智的实验教学策略。

教师的知识经验是影响实验教学策略制定或选择的重要因素。知识经验丰富的教师，能够根据各种具体实验教学策略的适宜环境及学习者的需要，制定或选择相应的实验教学策略。此外，教师的实验教学风格、心理素质等也在一定程度上制约有效实验教学策略的制定或选择。因此，在制定或选择实验教学策略时，不仅应重视对目标和学生初始状态的分析，还应充分发挥教师自身特征中的积极因素的作用，同时，教师应有意识地克服自身特征中的消极因素。要达到有效的实验教学水平，教师还要对实验教学方法的理论基础有清晰的认知，要不断进行实验教学经验反思。

要真正提高实验教学效果，教师必须在实验教学中实现实验教学内容与个性的有机结合，对于他人的实验教学策略的借鉴不能只是简单的效仿。比如，让一个热情奔放的教师去效仿和设计适合安静内向教师的实验教学策略，结果很可能会适得其反。

（四）实验教学环境制约有效实验教学策略的制定或选择

实验教学环境是实验教学活动赖以进行的重要因素，它由学校内部有形的物质环境和无形的心理环境两部分构成。从表面上看，实验教学环境只处于实验教学活动的周围，是相对静止的，但是实质上它却以自己特有的影响力潜在地干预着实验教学与学习过程，并系统影响活动的效果。在科学技术迅猛发展的今天，学校实验教学环境正变得日趋复杂和多样化，其对实验教学策略的制定或选择的影响也日益突出。

（五）实验教学内容的特点影响有效实验教学策略的选择

一般来说，不同学科性质的教材，应采用不同的实验教学策略，而某一学科中的具体内容的实验教学，又要求采用与之相适应的实验教学策略。某种实验教学策略对于某种学科或某一课题是有效的，但对另一课题或另一种形式的实验教学可能不会产生满意的效果，甚至是完全无用的。

第二节 实验教学方法与实验教学组织形式的选择

实验教学方法的选择与优化是实验教学策略中最重要的部分。实验教学方法的设计是影响实验教学成败、决定实验教学目标能否实现的关键因素。实验教学方法之所以重要，是因为它是引导和调节实验教学活动的最重要的手段之一，同时它在实验教学目标的达成与实验教学内容的完成之间起着中介、联结的作用。

一、实验教学方法的类型

实验教学方法是教师和学生为了达到预定的实验教学目标，在实验教学理论与学习理论的指导下，借助适当的实验教学手段（工具、媒体或设备）而进行的交互活动的总和。常见的实验教学方法有以下四种。

（一）以语言传递信息为主的方法

在实验教学过程中，以语言传递信息为主的方法主要有讲授法、谈话法、讨论法和读书指导法。

1.讲授法

讲授法是物理实验教学最基本、最常用的方法。讲授法的最大特点是能够在较短的时间内容纳较多的信息，实验教学效率高。另外，教师的讲授具有解释、分析和论证的功能，因此，在物理实验教学中，讲授法不仅是在传授新课时，在其他课型中也被广泛使用。

2.谈话法

谈话法的基本方式是：教师按实验教学要求叙述有关事实；向学生提出问题，请学生回答；引导学生对有关事实或问题进行分析；为提出的问题找出答案。由于谈话法能够使学生直接参与实验教学过程，因此有助于激活学生思维，调动学生的学习积极性，培养学生的独立思考能力和语言表达能力。

3.讨论法

讨论法的最大优点在于能活跃学生的思想，有利于调动学生学习的积极性和主动性，激发学生的兴趣，加深对问题的理解。通过讨论甚至辩论，达到明辨是非、深化认识、发展能力的目的。

4.读书指导法

读书指导法是教师指导学生通过阅读教科书和课外读物（包括参考书）获得知识、养成良好读书习惯的实验教学方法。读书指导法不仅是学生通过阅读获得知识的方法，也是培养学生自主学习能力的重要方法。

（二）以直接感知为主的方法

以直接感知为主的方法，是指教师通过对实物或直观教具的演示和组织实验教学、参观等，使学生利用各种感官直接感知客观事物或现象而获得知识的方法。这类方法的特点是具有形象性、直观性、具体性和真实性。以直接感知为主的方法包括直观法和参观法。

1.直观法

直观法是物理实验教学中最常用的一种方法，主要包括对演示实验、模型、挂图及现代化实验教学手段，如影像的观察等。直观法在为学生提供学习物理概念和规律必需的感性材料，创设物理情境，激发学生兴趣，培养学生的观察和思维能力，对学生进行物理学思维方法教育等方面都具有极为重要的意义。

2.参观法

参观法是教师根据实验教学任务的要求，组织学生到工厂、农村、展览馆、自然界、社区和其他社会场所，通过对实际事物和现象的观察或研究而获得知识的方法。参观法以大自然、大社会作为活教材，打破课堂和教科书的束缚，使实验教学与实际生活和生产密切地联系起来，开阔学生的视野，使学生在与社会的接触中受到教育。

（三）以实际训练为主的方法

以实际训练为主的实验教学方法，是通过练习、实验、实习等实践活动，使学生巩固和完善知识技能、技巧的方法。在实验教学过程中，以实际训练为主的方法包括练习法、实验法、边讲边实验法。

1.练习法

练习法是指在教师指导下进行巩固知识、运用知识、形成技能和技巧的方法。练习法的特点是技能技巧的形成以一定的知识为基础，练习具有重复性。在实验教学中，练习法被物理学和其他学科实验教学广泛地采用。

2.实验法

实验是物理实验教学的特点之一，实验法也就成为物理实验教学的重要方法。应用实验法，可以使学生加深对概念、规律、原理、现象等知识的理解，有利于培养他们的探索研究和创造精神，以及严谨的科学态度，而且更有利于学生主体地位的发挥。但目前学生实验教学的现状却不容乐观。除去仪器设备的问题外，还存在"重结论，轻过程"的现象，导致学生只注重实验结果，对实验的设计思想、实验过程所体现的科学方法等则没有予以充分的重视。另外，由于实验课指导难度较大，造成实验课秩序混乱，难以完成实验教学任务的情况也时有发生。

（四）以引导探究为主的方法

以引导探究为主的实验教学方法是指教师组织和引导学生通过独立的探究和研究活动而获得知识的方法。其主要方法是发现法、启发式。

1.发现法

发现法又称探究法和研究法，是指学生在学习概念和原理时，教师只给他们提供一些事例和问题，让学生自己通过阅读、观察、实验、思考、讨论和听讲等途径去进行独立探究，自行发现并掌握相应的原理和结论的一种方法。它的指导思想是在教师指导下，以学生为主体，让学生自觉地、主动地探索，掌握认识和解决问题的方法与步骤，研究客观事物的属性，发现事物发展的起因和事物内部的联系，从中找出规律，形成自己的概念。发现法的基本过程是：①创设问题情境，向学生提出要解决或研究的课题；②学生利用有关材料，对提出的问题做出各种不同的假设和答案；③从理论和实践上检验假设，学生中如有不同观点，可以展开争辩；④对结论做出补充、修改和总结。

二、物理实验教学方法的选择依据

上述几种实验教学方法是教师在实验教学中最常用到的部分。古今中外积累的实验教学方法是十分丰富的。随着实验教学改革的不断深入，又会有许多新的有效的方法产生。在实际实验教学中，教师能否正确选择实验教学方法，成为影响实验教学效果的关键因素之一。教师只有按照一定的实验教学依据，综合考虑实验教学的各种有关因素，选取适当的实验教学方法，并能合理地加以组合运用，才能使实验教学效果达到优化的境地。下面介绍实验教学方法的选择依据。

（一）实验教学目标

现代实验教学论认为，根据不同的实验教学目标选用不同的实验教学方法是走向实验教学最优化的重要一步。因此，围绕目标的实现来选择方法是一条重要的原则。

1.特定的目标往往要用特定的方法去实现

不同的实验教学目标和任务，需要不同的实验教学方法来实现和完成。比如，认知领域的实验教学内容部分，针对要求达到识记、了解层次的目标，可选用讲授法、介绍法和阅读法等；针对要求达到理解、领会层次的目标，可选用讲授法、探究法和启发式谈话法等；针对要求达到应用层次的目标，则应选用练习法、迁移法和讲评法等；而针对高层次的目标，如分析、综合、评价等，则应选用比较法、系统整理法、解决问题法、讨论法等。

2.各种实验教学方法有机结合发挥最佳功效

在实验教学中,实验教学目标的多层次性与实验教学环节的多样性等特点,必然要求实验教学方法多样化,特定的方法往往只能有效地实现某一个目标或某类目标,完成某一个或某几个环节的任务,要保证实验教学目标的全面实现,实验教学中往往要选用几种方法,并把它们有机结合起来。

3.扬长避短地选用各种方法

每一种实验教学方法都有其优势和不足。如讲授法,它可使学生在较短的时间内获得大量的知识,便于教师主导作用的发挥,而且在其他实验教学方法的运用中,它又是不可缺少的辅助方法,但这种方法容易造成满堂灌的情况,不利于发挥学生的主动性、独立性和创造性。又如探索法,其优势在于容易激发学生学习的兴趣和动机,培养学生独立分析问题、解决实际问题的能力,发展学生创造性思维品质和积极进取的精神,然而这种方法往往耗费的时间长,需要的材料多。因此,教师必须认真分析各种实验教学方法,扬长避短地选用各种方法。

(二) 实验教学内容的特点

选择实验教学方法时,必须考虑具体的实验教学内容的特点。如针对物理理论内容的实验教学可选择以讲授法为主的方法,针对习题课、复习课的实验教学宜选择以讨论法为主的方法,针对实验教学宜采用以探究发现法为主的实验教学方法。在教师实验教学实践中应根据实际情况综合选择应用。

（三）教师自身特点

任何一种实验教学方法，只有适应教师自身的条件，能被教师理解和驾驭，才能更好地发挥作用，取得好的实验教学效果。因此，教师在选择具体的实验教学方法时，应结合自身的特长和优势选择适合自身条件的实验教学方法。如有的教师语言表达能力较好，能用生动、简洁、有趣的语言吸引学生，则可适当多采用语言为主的方法；有的教师善于制作、运用直观教具，则可以充分发挥自己的想象力，多做一些教具，并结合采用观察、演示、示范等方法；擅长多媒体技术的教师可以通过使用实验教学软件，将现代化实验教学手段引入实验教学中。

（四）学生的年龄特征和知识基础

实验教学活动的效果最终要体现在学生学的效果上。因此，在选择实验教学方法时，教师必须考虑学生的实际情况，只有符合学生的年龄特征、兴趣、需要和学习基础的实验教学方法才能真正达到实验教学的高效。如不同年龄阶段的学生其思维发展的水平不同，实验教学方法的选用如果超出了学生思维发展的水平，就极可能达不到应有的实验教学效果。发现法和讨论法对于小学低年级学生或思维水平低下的学生，往往不能达到预期的实验教学目标，而角色扮演法对于低年级学生来说往往更有利于激发他们学习的动机和兴趣。如果学生的认知结构中包含与新知识相关联的若干观念或概念，教师就可以采用启发式的谈话法；反之，教师就不宜用谈话法。

综上所述，实验教学方法的选用必须以实验教学目标为中心，综合考虑各种因素的制约，只有这样，才能提高课堂实验教学的整体效果。

三、物理实验教学组织形式

实验教学组织形式是指为完成特定的实验教学任务，教师和学生按照一定要求组合起来进行活动的结构，它是实验教学活动的结构特征，也是实验教学活动各要素发生作用的外部形式。根据中国现阶段实验教学改革的实际情况，实验教学组织形式可分为集体讲授、小组活动和个别化实验教学三种形式。不同的实验教学组织形式对实验教学活动能产生不同的影响，所以实验教学设计者需要了解各种组织形式的特点。

（一）集体讲授

集体讲授简称"班级实验教学"，是实验教学的基本组织形式。将学生按大致相同的年龄和知识程度编成班级，教师按照各门学科实验教学大纲规定的内容和固定的实验教学时间表进行实验教学。集体讲授是现阶段中国课堂实验教学常用的实验教学组织形式，这种形式能有效利用时间和空间传递知识，教师能够有效调控课堂。

（二）小组活动

小组活动是现代课堂倡导的实验教学组织形式。在实验教学时将班级分成若干个小组，让学生在小群体内通过交流来学习。小组内每个成员都能参与学习活动，从而能提高每个人的学习积极性，培养学生的团队合作精神。小组活动的方式包括讨论、案例研究、角色扮演等。

（三）个别化实验教学

所谓个别化实验教学，是为满足每个学生的需要、兴趣和能力而设计的一种实验教学组织形式。现代学习理论认为：学习主要是一种内部操作，必须由学生自己来完成。当学生按照自己的进度学习，积极主动完成课题并体验到成功的快乐时，就能获得最好的学习成果。认知领域和动作技能领域的大多数层次的学习目标，如学习事实信息，掌握和应用信息、概念和原理，形成动作技能和培养解决问题的能力等，都可以通过这种形式来达到。当前，个别化实验教学主要在远程教育中（个别收视、收听广播电视实验教学）使用。随着计算机网络的迅速普及，基于网络的远程教育将得到迅速发展，成为真正意义上的个别化学习。

第三节 物理实验教学媒体

实验教学离不开信息的传输和交流，而实验教学信息传输的数量和质量取决于传播实验教学信息的载体。对实验教学进行设计时，不仅要考虑实验教学的过程、实验教学的方法等，还要考虑如何有效利用进行信息交流的媒体，即实验教学媒体。在实验教学过程中，教师运用媒体把实验教学内容的信息传输给学生，学生则通过媒体接受实验教学内容的信息。随着信息技术的发展，实验教学媒体在实验教学中的作用日益明显和重要。

一、实验教学媒体的类型及特点

实验教学媒体有许多类型。按照功能、特性或其他参数的不同，实验教学媒体可以从各个不同的角度进行分类。如从传递信息的通道，即接收信息的感官看，可分为单通道知觉媒体和多通道知觉媒体；从传递信息的范围看，它可分为远距离传播媒体、课堂传播媒体和个别化传播媒体。邵瑞珍依据实验教学传媒所作用的感官通道，把实验教学传媒分为非投影类视觉辅助、投影视觉辅助、听觉辅助、动态辅助等。

（一）非投影类视觉辅助媒体

非投影类视觉辅助媒体包括黑板及其改进后的呈现板（如磁力板和多目的板）、实物、模型和图表资料等。

黑板是讲授式实验教学法最常使用的媒体。在授课过程中，它可以用于支持语言交流活动，非常适合用于描述实验教学的内容。但它最大的缺点就是需要使用者花费大量的时间去书写，且当教师背对学生书写时，容易失去对学生应有的控制，无法看到学生对板书内容的反应，影响实验教学效果。

实物能够将要学习的东西活生生地呈现在学生面前，帮助学生理解，加深学生的印象。但有时获得实物媒体需要花费很大的代价，且有时实物也不能提供对事物本质的认识。

模型是实物的一种三维代表物，它可以比实物大，也可以比实物小，或者与实物一样大。模型能够表现实物的一定特性，且比较经济，还可以根据需要突出实物的某些性质，使学习者获得对实物内在本质的更加深刻的认识。

图表资料是一种经过特殊设计的二维的非照片类的实验教学媒体，它的特点是可以将所要传达的信息及它们之间的相互关系以简明扼要的方式呈现出来，有助于学习者把握结构，加深理解，增进记忆。

（二）投影类视觉辅助媒体

投影类视觉辅助媒体主要包括投影仪和各类幻灯机，是通过光和各种放大设备将信息投射到一个平面上，以便于学习者观察学习的实验教学辅助设施，目前课堂实验教学中已很少用到，这里不做介绍。

（三）听觉辅助媒体

听觉辅助媒体主要有录音机、收音机、激光唱片等。其中最主要的是录音机。录音机可以贮存和重放听觉材料，为实验教学提供必要的说明和支持。

（四）动态辅助媒体

动态辅助媒体主要包括录像、电影、电视等。这种媒体在实验教学活动中的优越性为：擅长展示动态概念（如匀速直线运动）和操作过程（如物理实验操作过程）；可以为学生观察无法进行直接观察的动态的宏观和微观现象（如天体运动、核反应）或危险性较大的活动（如地震、战争）提供方便；可以反复播放图像和声音资料，从而为学生动作技能的学习提供反复观察、模仿和练习的机会；这类媒体还能够通过真实的剧情使学习者获得对历史和文化的理解，以及情感上的教育。但这类媒体在实验教学中使用最大的障碍是制作技术难度大，成本较高，因而使用范围有限。

（五）多媒体辅助系统

多媒体辅助系统是各种媒体结合起来使用、综合两个以上媒体而形成的实验教学辅助设备。它既可能是由传统的视听媒体组成的多媒体装备，也可以是综合了文本、图像、声音、录像等的电脑多媒体系统。电脑多媒体系统除了可以为学习者参与学习提供丰富的视听资源外，还可以为学习者提供更好的个人控制学习系统，使学习过程变得富有个性，在实现实验教学活动个性化、民主化方面拥有明显的优势。它的不足之处是软件和硬件花费比较昂贵，这在很大程度上阻碍了它在实验教学中的使用。

（六）辅助实验教学光盘

辅助实验教学光盘即为各门课程摄制的示范实验教学的光盘，供辅助实验教学之用。它尤其适用于实验教学条件较差的边远地区。

二、实验教学媒体的选择与运用

（一）影响实验教学媒体选择的因素

由于实验教学任务和目标的多样性、实验教学过程和对象的复杂性，以及实验教学环境和条件的局限性，确定选择何种实验教学媒体受到种种有关因素的制约。一般说来，实验教学媒体的选择主要受到以下几种因素的影响。

1.实验教学任务方面的因素

选择什么样的实验教学媒体来传递经验，首先要看实验教学内容的特点，即所要传递的经验本身的性质。如果要传递的是感性的具体经验，则必须在非言语系统中选择适用的媒体，如演示实验、多媒体辅助系统等；如果传递的是一种理性的抽象经验，则除了要有必要的非言语系统的媒体配合外，还必须选用言语系统的媒体，如电影、电视等视听辅助媒体。实验教学媒体是以不同的功能来实现实验教学目标的工具，因此要根据实验教学目标选择具有相应功能的媒体。实验教学方式不同，可供选择的媒体往往也不同。如果采用直接交往方式来传递经验时，可用口语系统的媒体，如收音机与录音机、实验教学光盘等；采用间接交往方式来传递经验时，一般用书面语言系统，如黑板、静止图片等。

2.学习者方面的因素

实验教学媒体对经验的传递作用取决于经验接受者的接受能力和加工能力，如感知能力、知识水平、智力水平、认知风格、兴趣爱好和年龄等。年龄不同，思维发展水平不同，其内在的编码系统也不同，采用的实验教学媒体也应有差别。如针对低年级学生可采用"直接的有目的的经验"性质的媒体进行直接接触或学习；高中生可以通过阅读文字材料、模拟的物理情境进行学习。

3.实验教学管理方面的因素

实验教学管理方面的因素包括实验教学的地点和空间、是否分组或分组的大小、对学生的反应要求、获取或控制实验教学媒体资源的程度。如实验教学光盘的使用，在声音，视频的大小等方面，教师要根据实际情况作适当的处理和分析，必须使全体学生都能看到或获得准确的信息。

4.实验教学媒体的物理特性因素

不同媒体特性不同。一般来说，幻灯、投影的最大特点是能以静止的方式表现事物的特性，让学生详细地观察放大的清晰图像或事物的细节。计算机辅助实验教学软件具有高速、准确、存储量大，能模拟逼真的现场、事物发生的进程，且动静结合、表现力强等的特性。在选择实验教学媒体时，要针对媒体的特性优先考虑最能表现实验教学内容特点的媒体。此外还应考虑媒体是否便于教师操作，操作是否灵活，是否能随意控制等。

5.经济方面的因素

媒体的选择还受媒体花费的代价所制约。一般来说，媒体的选择应考虑代价小、功效大、有实效的媒体。如果有两种媒体代价相同，则应考虑功能多的媒体。从经济实用角度考虑实验教学媒体的选择，是中国当前实验教学媒体设计必须考虑的一个重要问题，那种不切实际一味追求实验教学媒体的现代化，而不考虑经济实用原则的做法是不可取的。

6.受不同地区学校的客观条件所制约

在这一方面，教育者应发挥主观能动性，克服困难，创造条件，尽量引入适合的、需要的先进辅助实验教学媒体。如农村地区可用的资料：现成的实验教学场地或农业资源、家用废弃物的再应用、实验教学挂图、改进的实验教具等。

（二）实验教学媒体的合理运用

1.多媒体组合的运用

鉴于各种媒体具备不同特点，都有其适应性和局限性，且往往一种媒体的局限性又可利用其他媒体来弥补，因此，在可能的条件下，实验教学中最好采用多媒体组合，以使各种媒体扬长避短，互为补充。例如，电视录像在表现动态情景上占有独特的优势，但在表现静态放大画面时却不如幻灯机和投影仪，若二者结合使用，便既能表现动态场景又能表现静态放大画面。

2.一定程度的媒体冗余度能促进信息整合

学习者对信息的顺利整合，在很大程度上依赖于媒体一定的冗余度。研究表明，在信息有联系的情况下，同时给予两种感觉通道的刺激，会提高学习效果。但如果信息太多且超过一定的冗余度时，双通道的呈现效果并不特别好。因此，我们在采用多媒体组合实验教学时要特别注意：①不同通道传递的信息要一致或有联系，否则会产生干扰；②不同通道传递的信息并不是越多越好，单位时间内信息量过大，超过了学习者的接受程度，反而降低学习效果。如，学生可以通过实验获得感性认识的知识或经验，没必要再利用多媒体进行演示和模拟。

3.选择适合学习者思维水平的媒体符码

符码原先是指语言或文字，后来指通信上一定的最小表达单位与组合规则。这个观念后来被绘画、音乐、设计、流行等艺术领域大量借用，如电影符码指电影传播信息的基本影像单位，由图像、符号和义素组成；媒体符码指媒体所表达的信息单位。媒体符码的形式可分为语言类的和非语言类的，也可分为模拟符码（指实际事物的视听形象再现，如芭蕾舞的动作）、数序符码（数字通信技术中使用的符码）和形状符码（图画、图表、图解）。近年来对符码的研究发现，实验教学媒体的符码与学生思考时所用的符码一致或接近，学生就越能有效地思考。这意味着，我们在用某种媒体符码进行实验教学时，应考虑学生是否能轻松地处理这种符码，即学生是否能用最有利于自己的形式来进行解释、储存、提取、使用和转用这种符码。如我们要先利用学生生活的经验和事实进行举例分析，再进行实验演示，这样比较符合学生的认知过程。

第六章 大学物理教学质量的提高与评价

第一节 大学物理教学质量的提高

大学物理课程是普通高等院校理工科专业开设的全校公共基础必修课。通过对该课程的学习，使学生重点掌握基本物理概念、物理思想和物理方法，从而培养学生分析问题、解决问题的科学思维，使学生具备基本的科学素质和人文素养。然而在实际教学反馈中，我们发现学生学习大学物理课程时存在以下情况。

第一，有部分学生中学物理基础差，甚至是零基础，比如，浙江省探索高考改革，在报考时，大部分学生在可能的情况下，都不选物理学科，这些学生在学习大学物理课程时有畏难情绪，甚至有抵触想法。

第二，有部分学生认为大学物理课程教学内容与大中学物理大同小异，以至于学习起来兴趣不高，甚至片面地认为大学物理课程与所学的专业课没有任何关系，陷入了一种认识上的误区。

第三，有些学生在学习之初对物理很感兴趣，但由于大学物理课程教学内容覆盖面广（包含力学、热学、电磁学、光学、近代物理学等），学时紧（以武汉纺织大学为例，《大学物理》分两个学期开设，每个学期56课时，总共112课时），随着课程内容的深入，有部分学生就跟不上教学节奏，慢慢地就成了课堂中的"低头一族"。

第四，有些学生仅仅是为了通过这门课程的考试而被动地学习，显然学习效果不佳。

基于上述情况，下面从教师教学和学生两个方面详细讨论如何提高大学物理教学质量。

一、教师教学方面

在国内以"大班教学"（一个教学头由三合班或四合班构成）为主的基础课程教学中，教师起到主导作用。因此，教师不仅要在课前设计好课堂教学，在课堂教学实施中还要引导并组织好课堂学习。因此，在教师方面提高大学物理教学质量，就显得尤为重要。

（一）做好大学物理与中学物理的衔接工作

针对中学物理基础差甚至零基础的学生，为了消除他们学习大学物理课程的畏难情绪，重新建立起学习的信心，可开设《大学物理基础》选修课，做好大学物理与中学物理的有效衔接。该门选修课主要讲授以下三个方面内容。

（1）中学物理的基本框架和知识点。教师从力学、热学、电磁学、光学等分支帮助学生重新梳理中学物理知识，让学生的物理基础从"零基础"到"有基础"。

（2）《大学物理》与《中学物理》的区别和联系。为了让学生走出"大学物理仅仅是中学物理的简单重复"的认识误区，从教学内容、研究对象和研究手段这三个方面进行详细讲授。

（3）矢量分析和微积分的意义及运用。常见的矢量分析包括了矢量的合成与分解，矢量的点乘（变力做功、电通量、磁通量、电场环流、磁场环流、电势等定义），矢量的叉乘（力矩、角动量、洛伦兹力等定义），矢量的混合运算（既有点乘又有叉乘，比如动生电动势的定义），矢量的导数（速度和加速度的定义、刚体角动量定理的微分形式等），矢量的积分（冲量和安培力的定义、电场和磁场的叠加法求解等），措施与对策对于为什么要引入微积分来处理物理问题以及微积分的物理和几何意义（导数表示斜率，定积分表示曲边梯形面积），以变力做功、电场强度通量的计算为例进行讲解。至于微积分的运用特别是分离变量法的掌握，以变力作用下的质点动力学问题为切入点，在具体的计算过程中，要灵活地运用积分变量的转化、矢量积分转化标量积分、积分常量提出等技巧，使学生更深层次地理解微积分的本质。

（二）丰富课堂教学内容

针对学生学习大学物理课程的第二种现状——没兴趣和无用论，教师在课堂教学中可以适时加入学科前沿知识、物理学史和科学方法等方面的内容，起到锦上添花和画龙点睛的作用。比如，当讲到"迈克耳孙干涉仪"这一节，可以给学生介绍 2017 年诺贝尔物理学奖获得者们做作的研究——引力波探测；当讲到"光学仪器的分辨本领"这一节，可以给学生科普一下目前全世界已经建好的射电、光学、X 射线、伽马射线望远镜等，特别值得一提的是中国刚刚建好的 500 m 口径球面射电望远镜 FAST 和 2017 年上天的硬 X 射线调制望远镜卫星——"慧眼"。通过介绍这些科学前沿知识，扩充了学生的知识面，增强了课堂教学的吸引力。 另外，教师还可以在课堂上见缝插针地适当引入物理学史方面的内容，比如，牛顿、麦克斯韦、爱因斯坦等物理学家的生平简介，以及力学、热学、电磁学、光学、近代物理等分支的发展史，有助于学生培养对自然科学的兴趣，树立辩证的科学发展观，提高自身的科学、人文素质。除此之外，教师在课堂教学中还可以讲授科学方法方面的内容。总结文献中有关大学物理教学中的常用科学方法，包括极限法、微积分的以直代曲法、分离变量法、旋转矢量法、模型法、从特殊到一般归纳推理法、猜想法、量纲分析法和对比法，这些科学方法和思想在自然科学、工程技术、经济与社会科学等领域中被广泛应用。当然，课堂上讲授科学前沿知识、物理学史和科学方法等内容的时间毕竟是有限的，还可专门开设"物理学史""太空探索""诺贝尔奖专题选讲""应用物理"等全校范围内的人文通识课，可以作为《大学物理》的很好补充。

（三）采取分级教学

由于学生物理基础参差不齐，随着课程教学的深入，有的学生跟不上，而有的学生又"吃不饱"，为了达到更好的教学效果，大学物理课程有必要采取分级教学。以武汉纺织大学大学物理教学团队的经验为例，将学生分成A、B、C三个层次，使用不同的教材授课、布置不同的作业和考试试题。A层次的学生，有扎实的物理和数学基础，对基本的物理思想、概念和方法有较强的接受能力和悟性。对该层次学生，在教学中采用"十二五"普通高等教育本科国家级规划教材，期末考试除了注重考核基本物理概念和方法外，还有一定的提高题。B层次的学生，对学习大学物理课程有一定的兴趣，但是物理和数学基础不是很好，学习较难的章节内容时跟不上，容易失去信心。

针对该层次学生，可自编并出版教材，在教材中适当删减理论推导烦琐的内容，如氢原子的量子理论等，适当降低部分内容的深度和难度，同时可适当增加"牛顿、爱因斯坦、宇宙的膨胀、等离子体及磁约束、量子计算机"等科学家生平介绍和科学前沿信息，以期激发学生的学习兴趣，扩充其知识面。在期末考核中，适当降低难度，注重考查基本物理概念和公式，考试试题在平常的作业基础上作小幅度的变化，考试通过率的提高可以帮助学生建立起学习的信心。C 层次的学生，物理基础差甚至是零基础（来自偏远山区、少数民族或高考没有选考物理的学生），对学习大学物理课程有恐惧心理和畏难情绪。针对该层次学生，除了日常教学用自编教材外，要求他们必须参加"预科班"——《大学物理基础》选修课。通过该门选修课的辅助学习，加强他们的中学物理和高等数学基础，尤其是矢量分析和微积分的运用，做好大学物理与中学物理的有效衔接，针对该层次学生的考核试题主要以平时布置的作业内容为主。

（四）综合利用各种教学模式

目前，课堂教学模式普遍是多媒体教学和传统黑板板书教学相结合。多媒体教学利用计算机强大的文本、图像、动画、音频、视频等功能，可以直观形象地展示物理现象和物理过程，深受高校教师和学生的欢迎，它在目前的教学模式中起到主导作用。但是，多媒体教学在教学内容、教学节奏、教学方法等方面也存在不足，如何改进多媒体教学的不足是高校教师在教学过程中不断摸索和实践的一个课题。在文献中有很多改进多媒体教学不足的具体措施，即教师要充分认识多媒体课件的优势和不足，要不断改善多媒体课件的制作，要把握好教学节奏，将传统的黑板板书教学模式与多媒体教学模式有机结合。最近几年,随着智能手机的发展和普及,在课堂上经常出现"低头一族",这使得课堂教学效果大大降低。为了减少甚至避免这种现象的发生,移动式教学模式开始在课堂教学中出现,比如,超星公司推出的强大移动式教学平台——学习通 APP。该移动式教学平台功能非常强大,教师可以将课件、课程教纲、作业题目、教学视频等相关的教学内容上传到平台,学生可以在课堂及课后利用碎片化时间进行学习,并且随时随地学习。除此之外,最受教师和学生欢迎的是该 APP 的课堂教学活动功能,比如,"签到""投票/问卷""抢答""选人""作业/测验""直播""讨论""在线课堂"等,通过教师的精心组织和学生的全员参与,可极大地活跃课堂,翻转课堂,使学生真正地参与到教与学当中。移动式教学是对传统教学模式的变革,极大地拓展了教学空间,使学生可以进行跨越时空的学习,并且创新了全新的课堂模式,实现了充分的师生互动,有效打通了课内课外。

当然,课堂教学的时间毕竟是有限的,教师还应该将课堂延伸到课外。教师平时可以利用 QQ 在线答疑,并与学生聊天、谈心,及时掌握学生学习的最新动态和反馈,期中和期末可以开展集中答疑、教学问卷调查、分享学习心得等。

二、学生方面

教学离不开"教"与"学"两个方面。学生作为课程知识的接受者,在提高课程教学质量中也发挥着积极作用。

（一）从被动式学习到主观式学习的转变

在中学学习中，学生主要以被动式接受为主，紧紧围绕在以教师为核心的指挥棒。当然，这种学习模式比较单一，学生虽然说少走了弯路，但是学习效果不好，对知识理解不深、记得不牢，学习过程完全是被动的。进入大学学习，由于教学内容多、学时少、教学节奏快，很显然，被动式学习已经不合适了，学生很容易跟不上教学进度。所以，学生要及时做好调整从被动式学习到主观式学习的转变。课前，学生可以参照课程教纲做好预习，了解这堂课的教学内容、重点和难点，做到心中有数，这样可以增强听课的针对性和目的性，更容易理解和掌握教师所讲授的内容，提高了学习效率。在课堂上，学生应该带着预习时的问题有的放矢去听课，做到全神贯注、学与思相结合，积极地消化教学的重、难点。课后，学生应该及时地做好复习，对当天所学的内容进行系统再学习，可以通过教材、参考书系统阅读，或与同学、老师讨论，真正弄懂其中的重点、难点和疑点，做到"温故而知新"。除了掌握课本知识点外，学生可以对本门课程的最新前沿进行调研，了解其动态，还可以参与教师的研究课题，进行研究性的学习，这样有利于学生养成良好的自主性、探索式的学习习惯。

（二）培养探索自然科学的兴趣和积极性

兴趣是最好的老师，兴趣是学习的原动力。斯蒂芬·威廉·霍金曾经说过："记住要仰望星空，不要低头看脚下，无论生活多么艰难，都要保持一颗好奇心。"可见，学生应该从小培养探索自然科学的兴趣。教师可引导学生通过了解科学家的生平简历和研究科学问题的历程，科学家坚持不懈、百折不挠的科学精神与科学态度，可以激励学生为追求科学真理去努力、去奋斗；教师可引导学生通读自然科学发展史，从中汲取科学文化的营养，树立人生远大的志向和目标；老师也可以引导学生关注自然科学发展的最新前沿动态，从而让学生明确自己的奋斗目标，为人类科学的进步与发展贡献自己的一份力量。总之，学生有了浓厚的学习兴趣，就可以不畏艰难困苦，深入钻研学好每门课程，可以做到在学习中快乐，在快乐中学习。

教学质量是教学的生命线，是所有教学改革的出发点和归宿。如何提高大学物理教学质量，是高校大学物理教师要不断思考和探索的课题之一。以上从教师和学生两个层面分别给出了提高大学物理教学质量的措施和对策，可以作为普通本科院校开展大学物理教学的一些参考。当然，各校办学定位和学生层次不一样，措施和对策也不会是千篇一律的。

第二节 大学物理教学评价概述

在传统的大学物理教学评价中，"教"与"评"往往相互剥离，彼此的相关性较低，即使在一些重视教学评价的院校，教学评价也没有真正发挥其价值。一个事物的存在和多元因素有关，不由单个因子决定，事物越复杂，其越不能简单以单元视角相看待，本研究将多元化视角与大学物理教学评价相结合，力争构建具有创新价值与里程碑意义的全新教学评价体制。

一、多元化视角释义

现存于世界之中的事物均具有客观实在性，事物本身与其他事物产生联系，并接收来自其他事物的反馈，逐渐形成与自身周边相适应的环境，小环境组成大环境，大环境又包含小环境，所以唯物辩证思想认为世界是多元化的，我们认识事物的视角也应该是多元化的。我们认识事物时，视角有多个方向，在这同时，我们也成为其中的一个"元"。以大学物理的教学评价为例，学生学习水平这个"元"与教师水平、家庭风气、学习习惯甚至天分都有诸多关系，教学评价只是反映教师水平的重要决定点，虽然反映着教学质量，但最终目的却还是为了服务于学生学习的综合水平。而针对教学评价这个本身的"元"来说，教学评价又应该由与这个主体有直接联系的人来决定，如学生家长、学生本人和学生辅导员等。这就是本研究所说的多元化视角，可以总结为相关人物多元化以及核心要素多元化分析。

二、教学评价现状

教学评价本身存在的意义考究。当下，大多数的高等院校都开设有针对各个学科的教学评价，教学评价的主体往往是教师，而在一般情况下，学生对教师的消极评价十分稀少，即使有，也是很小的一部分，这部分的评价对于教师来说，根本不能产生任何影响。很多学生本着给尽量减少麻烦的原则，对于真正存在的问题不能及时指出，这也正合了教师的意，双方一拍即合，默认全部好评成了约定俗成。

1.关于反馈及时性的问题

一些大众普遍不接受的教师授课问题，学生往往上报无门。即使在学校官网反映，也往往大事化小，小事化了，最终石沉大海。一个完整的教学评价机制必须要保证有完整的反馈机制，才能使出现的问题及时得到解决，这也是能够让大学物理教学更完善、更积极发展的重要环节，也是设立教学评价的主要原因之一。

2.教学评价内容单调唯一

大学物理学是工学之基础，理学之前提，在学生后续的学习中起到重要的作用，所以学生必须要达到教学要求的水平，教学的课堂及学生课后的学习质量是其中的关键环节，所以教学评价工作十分关键，包括大学物理在内的所有学科虽有其共性，但个性往往也不能忽视。在一些高等院校的教学评价体系中，所有学科的评价只包含教师的教学态度、板书整齐度、多媒体使用频率等，选项包括"很满意"到"极不满意"等级别。

三、搭建创新式大学物理教学评价体系

1.完善教学评价制度

在学生进行大学物理评教之前，学校应积极开设讲座，对学生进行评教前的思想教育，针对不认真的学生，可以通过限制成绩查询等方式督促学生完成评教；针对不敢认真进行教学评价的学生，应该强调该评价完全保护学生的个人信息，只有将监管措施做到最精，学生才能放心完成评教工作。同时，大学物理的教学评价应该采取不记名的公开评教方式，让学生真正能评出自身的真实想法。

2.健全反馈系统

在教学评价结束之后，学校应对学生指出的问题，切实落实解决方针，针对教师的评价，应设立相关的奖惩措施，把教师的教学水平和其利益相挂钩。对于学生在教学评价结束后仍然存在的问题，学校可以建立一套完整的后台反馈机制，可以通过微信平台、微网站、APP等方式实施，利用互联网，学生与学校之间的联系也可以更加紧密，对于学生所提出的硬件设施问题，学校也可以提上日程，尽快解决，针对一些课程时间上的不合理，学校也可以适当加以调整。

3.特色化教学评价

《大学物理》教材分上下两册，且包含实验20多个，学校应该将理论课与实践课分开，设置特色化的教学评价，如对大学实验的评价，可以从实验的器材完善程度、误差率以及教师授课的严谨性等方面设置教学评价内容，而针对大学物理的理论课，则应该着重来评价教师在授课中的体系完整度和思维的连贯性等。

4.多元化考虑评价主体

在学生的学业生涯中，学习成绩都是最直观反映一个人学习能力的凭据，在大学的学习中同样如此，而大学学习成绩的高低以及学生对知识的掌握，除了与教师密切相关外，还与学生的自身素质、自控力、学校硬件设施，甚至课程时间安排等有着千丝万缕的关系，所以从多元化的视角来看，对于大学物理的教学评价也应该引入多元因素。例如，教室多媒体的匮乏可能导致教学进度的滞后，教学桌椅设计不合理可能影响学生的听课效果等就属于一些潜在的客观因素。

四、构建多元化创新评教体系

针对构建多元化的教学评价体系来说，应该综合以上谈及的数点问题，一方面要做好学生与教师的工作，提高教学评价这件事本身的参与性，保证其有一定的参与基数，只有样本的数量足够大，其反映的事件可信度和准确度才越高。另一方面，作为教育工作者，还应该努力积极促成其从信息采集、信息处理到信息反馈等多个环节的构成，这样才能构建好多元化的创新评教体系。

1.信息采集

在信息化发展如此迅速的当下，互联网已经渗透于各行各业之中。作为教育行业也可以突破传统，紧跟时代潮流。例如，通过线上表格生成软件可以迅速制作出方便学生随时随地填写的教学评价表；应用线上二维码生成软件，可以加速表格的传播；利用新兴媒体与互联网，学生在任何时间、地点都能进行教育教学问题的反映，这样一种跨越时间与空间的信息采集方式，让大学物理的教学评价更加高效。

2.信息处理

大学物理的教学依然比较传统，物理实验的教学依然墨守成规，但是教学评价却可以跳出常规。信息处理泛指学校接受学生的评价，并做出反馈这一过程。这一过程可以在官网、微信平台等直观地反映出来，作为信息的处理者，可以直接将信息进行分类，免去了传统纸质评教中分类烦琐的工作。

3.信息反馈

如果说前面两个过程是多元化创新评教的线上体系，则信息反馈为其核心的线下反馈。学生利用线上平台，其根本还是希望解决实际生活中的问题，这个问题可能是客观的，也可能是主观的。所以信息反馈的实现需要应用分级调节，从一个节点向下延伸，然后将问题具体化，再去解决。这样整个新型的大学物理评教系统就搭建完毕了。

第三节 大学物理线上教学及其评价

2020年初，新型冠状病毒肺炎疫情突如其来，迅速席卷全球。为确保师生的身体健康和生命安全，教育部发布了《工业和信息化部办公厅关于中小学延期开学期间"停课不停学"有关工作安排的通知》。这就要求教师必须掌握一定的线上教学技能，并利用现代网络技术在老教师与学生之间架起一个线上教学的"空中课堂"。大学物理是一门非常重要的专业基础课，教师可以充分利用多媒体技术，发挥集体备课的优势共同提高教学质量，起到事半功倍的作用。

一、线上教学的基本特征

线上教学是通过应用信息科技和互联网技术进行内容传播和学习的方法，将信息技术与现代教育思想有机结合在一起的一种新型教学模式。它打破了传统课堂教学模式的时间和空间限制，同时也打破了课堂以教师为中心的传统方法，有利于扩大教育对象的范围。近年来，各种网络技术的飞速发展为线上教学提供了可靠的技术支持，线上教学方法也趋于多样化，线上教学的基本特征如下。

1.开放性

线上教学不受学习时间的限制，任何人都可以随时接收他们需要的课程，以获得实时和非实时学习所需的教学内容。线上教学不受地域限制，可以同时对来自全国各地甚至遍布全球的学生进行教学。丰富的教学内容和开放的教学方法具有传统教学模式无法比拟的优势。

2.灵活性

线上教学以计算机技术、软件技术和现代网络通信技术为基础，极大地提高了交互功能，实现了师生之间以及学生之间的多方向交互和及时反馈，具有更大的灵活性。多媒体课件可以直观、生动地显示教学内容，有助于激发学生的学习兴趣，促进学生对所学知识点理解和掌握，并能激发学生的学习潜能，最终实现教学质量的提高和对学生创新意识的培养。线上教学可以满足学生个性化学习的要求，并赋予他们更大的自主权。它改变了传统的教学方式，学生可以根据自己选择的时间和内容进行学习，从而使"被动学习"变成"主动学习"，体现了自主学习的特点。

3.共享性

线上教学利用网络技术为学生提供了丰富的教学内容，实现了教学资源的优化和共享，可以集中利用人才、技术、课程、设备等优势资源，满足学生自主选择学习内容的需求，从而提高了教学资源的利用效率。

二、集体备课在大学物理线上教学中的运用

线上教学对于很多教师来说是一个新生事物，很多教师都没有线上教学的经验。如果说有多年课堂教学经验的"老教师"可以摸着石头过河——把课堂教学的形式直接搬到线上教学，那么刚刚走上教学岗位的青年教师根本没有多少教学经验，可以说他们连石头都摸不着。在这种情况下，如果直接让青年教师进行线上授课，他们会面临很大的压力，无法保证教学效果。另外，线上教学可以直播也可以录播，考虑到直播教学时教师心理压力比较大，突发情况不容易控制，可以采取录屏教学模式。如果每个老师都重复录制教学视频不仅质量上难以保障，而且也会增加教师负担并且造成教学资源浪费，更体现不出线上教学的"灵活性"和"共享性"。基于以上考虑也是本着对全体同学负责的原则，教研室可采用集体备课录屏教学的方式共同完成本学期的教学任务。

集体备课是对教学工作进行全程优化的教研活动，使教师在教学的认知、行为上向科学合理的方向转化。在集体备课中，个人钻研、集体研讨、分工主备、教后反思的过程就是教师发展的过程，集体备课有利于教师在高起点上发展。大家在集体备课中发挥"集体智慧"的优势，集思广益，达到资源共享的目的。通过集体备课，任课教师特别是青年教师在课堂教学中可以少走很多弯路，有利于教学水平的快速提高。通过集体备课形成的教学方案是集体智慧的结晶，它与个人备课相比，对教材把握更加透彻，对学情的分析更加细致。因此，集体备课可以更好地服务于教学，从而提高整体的教学质量，进而提高教学效果。

线上教学的手段多种多样，可以通过腾讯课堂、学习通、智慧树等多个网络平台进行线上授课。微信、QQ 等多种软件可以作为辅助管理手段进行

网上签到、问题交流、随堂测试等。每个教学模块都可以由几位有教学经验的优秀教师录制视频，精心剪辑然后分享给大家共同使用，这样既节约了教学资源，减轻了一部分老师的负担，也给了青年教师一个很好的学习机会，有利于青年教师在高起点上发展。通过教学视频，每个同学都可以学习到优秀教师的课程，光标笔在屏幕上的板书有助于引导学生的注意力，使其紧跟教师讲授思路，甚至会给学生带来一对一教学的体验，这有利于整体教学质量的提高。当然，录制教学视频只是教学的第一步，更重要的是及时了解同学们的学习情况进而做出调整。教师可利用腾讯课堂或 QQ 群的打卡功能让同学们上传观看视频截图、学习笔记、书面作业等。教师们可以在线批改作业，及时了解同学们的学习情况从而对教学进度进行调整，有必要时可以加入习题课，以巩固所学的知识。

三、大学物理线上教学评价模式的探索与实践

教学过程考核是教师及时了解和评价学生学习情况的重要环节。大学物理课程涉及的学生范围广、数量大，如果评价方式设计不当可能有失公平甚至会打击学生学习的积极性。目前，大学物理课程的成绩一般采取平时成绩和期末成绩的加权平均来评价。平时成绩一般包括考勤、作业、课堂问答等。期末成绩一般为闭卷考试的得分。在上述的考核方式中，平时成绩注重学习过程的考核，期末成绩注重学习结果的考核。这种考核方式在课堂教学中已经比较成熟了，但在线上教学中不能生搬硬套，需要做出相应的调整，否则就会妨碍大学物理线上教学的顺利进行，或者使教学效果大打折扣。

1.平时考核

平时考核占课程总分的 20%，主要考查线上提问、线上回答问题、线上心得体会以及线下作业。平时考核可以充分调动同学们上课的积极性，让每一个同学都有身临其境的感觉。

2.阶段考核

阶段考核占课程总分的 30%，主要以教学模块为单位进行考核。每讲完一个模块都进行一次阶段性考核，让学生及时巩固所学知识。通过阶段考核使学生及时了解自己掌握知识的情况，做到查缺补漏。在阶段考核中还可加入一些趣味性的题目和探究性的题目，这可以引导学生进行探究式学习，进一步调动学生的主动性和积极性。

3.期末考核

期末考核占总成绩的 50%，采用线上考试的形式进行，学生可以通过学习通或智慧树进行答题，教师可采用腾讯会议或钉钉软件进行监考。期末考核主要在于考查学生对这门课的总体的学习效果，由学院统一组织、统一命题、统一监考、统一阅卷，保证考试的公平性和公正性。

以上所述教学评价机制可以从多层面、多方位、多途径对学生的学习过程进行客观、公平、整体、系统的评价，可以有效提升学生自主学习的主动性，培养学生的自学能力，有效激发学生进行探究式学习的兴趣。

经过实践验证，以上所述考核方式可以进一步增强教师的责任心，大大提高学生自主学习的积极性。学生的期末平均成绩比往年提高了近 20 分，成绩达到"优秀"的同学占比明显增加，成绩"不及格"的同学占比显著下降，学效果有了明显的提高。

四、线上教学的启示与思考

线上教学是时代的产物，是疫情防控期间必须采用的新的教学模式。在网络技术支持下，学生可以在课后回看，当学生在学习过程中忘记某个知识点，或者课上走神的时候，都可以对该部分内容进行重新学习。因此学生在进行复习时就没有时间和空间的限制，可以实现学生对学习时间的自主安排，从而提高学习效率。但线上教学也有其不足之处，如不太好把控课堂纪律，没有面对面的情感交流，不容易获得学生掌握知识的反馈情况等。总之，从传统线下教学转变为线上教学，对于教学过程、教学评价、教学组织乃至大学教育观念都会产生深远影响。

第一，线上教学对教学过程的影响。当知识传播方式发生改变后，教学不仅取决于知识传授方式，更多取决于知识展现形式。线上教学不仅是技术、方法和观念的改变，它注定会引发学对新的教育理念或教育价值观的研究。

第二，线上教学对教学评价的影响。传统的线下教学主要以考试评价为主，这在线上教学评价中远远不够。大数据、人工智能、云计算等在教育领域的渗透应用，有助于更好地获得学生学习行为、态度和偏好等信息，进而帮助他们用个性化的信息塑造未来。

第三，线上教学对教学组织的影响。线上教学对于大学的挑战不仅仅是教师线上教学的能力，也不仅仅是学校的线上教学的服务保障能力，线上教学可能带来的一个重大变化是教育组织形态的改变。这些影响必然会对现有高等教育体系产生强烈的冲击，也对现有大学的教学组织管理提出新的考验和要求。如何正视这些变化，主动挑战，积极求变，无疑是一个全新的课题。

目前，有很多学者在研究"线上+线下混合式教学"，它是将教师线下课堂教学与学生线上自主学习相结合，以培养学生的自主学习能力为导向，遵循以学生为主体、以教师为主导的教育理念。该模式具有教学信息量大、教学开放性和交互性强等优势，将传统的课堂教学延伸到网络空间，与现代互联网与信息技术相结合，更加有利于学生学习兴趣的培养和自主学习能力的提高，使得学生的个性化学习需求得到满足，学生的高层次思维能力、创新精神、实践能力等都得到充分发展。即使疫情已得到有效控制，学校已经恢复了正常的教学秩序，在线上教学中积累的宝贵经验也可以运用到混合式教学模式中，从而促进混合式教学模式的进一步发展和完善。

第七章 大学物理教学模式探索

第一节 国外大学物理教学模式

一、国外大学物理教学模式

大学物理课程是世界范围内各理工科高等院校普遍开设的基础课程,它在传授知识、培养能力方面有着不可替代的作用。为有效借鉴国内外高校的大学物理教学方面的经验,总结国外部分高校的大学物理教学模式,寻求更适合中国国情并可在大部分高校应用的教学模式。

(一)美国顶尖大学物理教学模式

美国优秀高校的大学物理教学模式是我们关注的重点。教育部"国内外高等教育教材比较研究"项目之一——《中美一流大学物理教育比较研究》项目中对美国一流大学哈佛大学和麻省理工学院的物理教学模式给出了比较。

1.哈佛大学的物理教学模式

一是案例教学。学生在案例教学过程中更愿意积极主动地思考问题，极大地发挥原创动力，因此，案例教学广泛应用于各种教学领域。

二是互动讨论法教学。这种教学方法对学生的知识储备要求很高，但是这种方法能够很好地锻炼学生的反应能力和洞察能力。在互动讨论法教学过程中，哈佛大学的教师需要为学生设计课程，开设讲座，组织研讨，就学生的研究题目提出建议，为学生的实验方案或研究论文提供咨询，引导学生开展正式或非正式的讨论。这就要求教师队伍必须具有深厚的功力以及足够的数量，总之这种方法对师资力量要求十分苛刻，并非一般的大学物理教师能够实施的。互动讨论法教学的重点通常放在培养学生的独立思考能力和分析问题、解决问题的能力上。

三是教研结合教学模式。采用这种教学模式的前提是认为本科生也能够从事科学研究，把学生看作是处于实习阶段的学者和研究者，与教师一样要主动参与探索未知的事物或者检验现有的假设和解释，为有志于投身物理科学研究工作的学生一个良好的科研环境和交流平台。

四是教师独立教学模式。哈佛大学物理教师通常都是自由选择教材，独立完成整个课堂教学，不考虑其他教师和其他学校的做法。这种教学方法充分尊重教师的选择，能够最大限度地发挥教师的能动性。

2.麻省理工学院的物理教学模式

麻省理工学院提出了以研究为主体的教学模式,针对本科生教育制定了形式多样的教学方案。其中包括：本科生研究机会方案、独立活动期、媒体艺术与科学新生计划等。这些活动将理论与实践相结合，打破传统填鸭式教学，学生被动学习的教学模式。在这些教学活动中，教师只是起到指导作用，学生是教学活动的主体，学生自己主动将所学知识运用于实践中。通过这些具有实际意义的教学活动，进一步激发了学生的创新意识，提高了学生的动手能力，并培养了学生坚毅的品质，这样建立起来的本科生自主研究实践的教学体系，为本科生参与各种科研活动提供了良好的平台，有助于更好地培养和造就科技创新型人才。这种教学模式与哈佛大学的教研结合模式类似，但是麻省理工学院的形式要更加多样化。

（二）美国其他高校的物理教学模式

哈佛大学和麻省理工学院这样的世界一流名校的经验对于国内的一般高校未必适用，本研究同时关注了其他高校，例如，北卡罗来纳州立大学和美国伊利诺伊大学香槟分校的大学物理教学模式。北卡罗来纳州立大学的大学物理教学，采用 SCALEUP 教学法。这是一种以学生为中心的教学模式，学生们在小组里互相合作、进行活动，而指导教师走来走去，发现问题，及时跟学生们讨论。这种方法能够提高学生的出勤率，同时，也有助于提升学生的成绩。美国伊利诺伊大学香槟分校的大学物理教学模式，特别强调学生的参与，整个教学过程都是以学生为主体，教师在授课过程中大量提问，鼓励学生踊跃参与讨论。

（三）德国克劳斯塔尔工业大学的大学物理教学模式

与德国其他学校一样，德国克劳斯塔尔工业大学也注重教学和科研的统一，他们是校、系、所教学体制。每个研究所是教学与科研的实体，同时承担教学和科研工作。研究所的所长同时可能承担大学物理教学的任务，并结合本所特长开设专业基础课程。他们在教学内容上能反映物理学科的新发展和新成果，也能选择一些结合专业内容的知识作为侧重点。教授的科研助手也是教学助手，从教授到助手既重视科研，也重视基础课教学工作。这种教学与科研密切结合的模式，对提高大学物理教学质量大有裨益。

二、国内大学物理教学模式的探索

自中国高考制度恢复以来，高等教育人才培养一直是中国社会建设中的重点，同时也是一直以来的难点，教育不断改革却一直没有获得根本性的改善，中国的高校毕业生普遍无法真正适应社会发展的需求，甚至出现毕业等同于失业的社会现象，以目前来看，将教育改革在大学各个学科的推行作为主题进行探讨是有必要的。

（一）调整大学物理教学理念适应教育发展

1.当前物理教育的形式要求

自素质教育理念的推行以来，中国高等教育一直在为人才培养不断探索新的出路，而物理学科在整个教育体系中的角色也发生了转变，从一开始的领头学科逐渐转变为基础公共学科，成了其他各学科之间的黏合剂，因此物理教育不应该一直停留在以提高自身学科教学水平的状态之中，物理学科的知识体系要从单纯的知识教育中解脱出来，以培养学生自主学习为主要目标，培养学生的物理科学精神，增强学生的科学探究能力，因此仅仅是物理基础知识的教育已经无法满足现代社会发展的要求，要让学生对物理学的规律和方法掌握得到全面的增强，提升学生在科学探究方面的潜能与综合素质。

2.增强大学课程中的理论学习

物理学是庞大的科学体系，即使在高等教育中也不可能将物理学的全部科学知识灌输给学生，因此大学物理课程的重点应该放在基本理论的教育上，也就是经过长久发展总结出的物理基本定义，让学生在大学的教育过程中建立物理学体系框架，只有这样才能逐渐加深学生对物理学科的理解，同时将庞大的科学体系进行简化有利于学生的知识获取。物理学与实际生活息息相关，增强基本理论学习能够提高学生对知识的运用能力。

3.提高大学物理教学中的创新意识

作为教育系统中的前线战士，可以说教师是决定教育成果的关键因素。如今，随着全球化的发展，各国都在努力提高国家的创新能力，这就给教育带来新的挑战，教师在大学物理的教学中应该不断进行教学手段的创新，不断提高教学能力，调动学生的学习热情，这其中最大的关键在于提高教师的综合素质，鼓励教师将更多的精力投入教学工作中，向教师提供更多的教学资源，从根本上提高中国教育水准。

（二）教育改革在物理学科中具体实施策略的方向分析

1.改变大学物理教育的陈旧观念

教师在进行大学教学活动的同时要转变以往单纯知识教育的观念，要知道物理是一门实践性的学科，其作用是服务于社会建设，因此物理学科如今成为一门基础学科，而不是专业专有学科，这就要求教师在进行物理教学的时候注重培养学生的综合素质。

2.注重对物理学发展历程的教育

物理是一门经过了长期发展的科学，因此有着漫长的物理发展史，了解物理学的发展历史可以增强学生对物理学的深刻理解，如物理学每一条基本概念的发现以及曾经出现过的分歧，这些都会对学生的潜力开发有很大好处。从而使学生能明白物理学的应用领域，增强学生的科学探究意识。

3.重视大学物理中的实验教学

目前，在基础教育方面还存在实验不足甚至是在黑板上做实验的情况，因此在大学物理的教学中，实验课程一定要得到加强，足够的动手实践机会可以保障学生对理论知识的理解和应用能力，同时实验教学的方法也应该不断创新。目前，大学物理实验的状态是以明确的步骤和原理让学生进行操作，如此一来学生只是单纯的操作者而并非实验者，这对于物理实验来说，是没有太大的实际意义的。物理学的精髓在于探究和发现。大学物理实验的重点应该放在将探究与实验相结合，提高学生的探究精神和创新能力，同时提高对物理学的学习热情。

总而言之，物理能够成为公共基础学科可见其重要性，而且也将是教育改革推行中具有代表性的案例，物理是所有科学的基础，因此物理教育的发展直接影响国家科技水平的发展，当前教育改革的推行也应该以物理为重点，中国的教育工作应该重视物理的教育创新，更应该提高物理教育教学水平，以向社会输出更多高质量高素质的人才为中心，加强物理教育的建设。

三、大学物理教学模式运用实例

目前，一般高校大学物理教学采用的是大班授课，一个班学生的在 120

人左右。每个教师同时担任两到三个大班的大学物理教学工作。在此基础上，根据教师教学任务，结合教师同时从事科学研究的实际情况，通过案例介绍一些大学物理教学模式。

（一）提问式教学与科学前沿研究相结合

在讲量子力学部分时，教师在授课过程中，先向学生提出问题："纳米材料与结构测试中为什么广泛使用各种电子显微镜？"通过与光学部分光学显微镜的比较，学生既能够巩固光学仪器部分仪器分辨率的知识，还能自然地联想到电子应该有波动性。然后再介绍电子衍射实验和电子衍射实验，有了前面的思考和讨论，这部分内容就很容易被学生掌握。教师目前的科研工作是关于微纳米材料与器件方面的，科研工作中有大量的电镜照片，可以让学生清晰看到在电子显微镜下微观世界是多么奇妙。结合电子显微镜的发明过程，学生更加明白理论研究是如何切实推动了技术向前发展的。反过来，技术的进步又可以促进科学研究，从而带动理论向前发展。这样的过程，能够带着学生了解近代物理学的发展历程，也能够使学生明白科技是如何向前发展的，而不是简单的局限于抽象的物理公式。物理学的发展过程就是后人对于前人理论的继承和创新的过程。通过这样的过程，让学生了解物理学家的研究经历，可以使他们逐步认识到创新思维的重要性，从而培养其创新意识和科研方法。

（二）联系生活实际的案例教学

大学物理是公共基础课程，而且大学物理中的内容与人们的生活密切相关。例如，光电效应是近代物理中一个重要的实验，这个实验的发现与成功解释直接促进了量子力学的建立。讲解这个实验的时候，可以与实际生活联系起来。当今中国经济蓬勃发展的同时，环境污染越来越严重，已经到了不容忽视的程度。随之而来的，清洁能源的开发与利用就显得尤为重要。在各种类型的清洁能源中，太阳能是取之不尽用之不竭的一类重要能源。就此，可以请学生讨论太阳能电池的基本原理。在此基础上，学生就会对光电之间的相互转化有深刻的认识。而且，能够激发学生的创新研究欲望，有很多学生课后找到教师进行反馈，并希望能够结合大学生创新活动做一下有关太阳能电池方面的研究工作，这是教师者在讲课之前想不到的。

（三）演示实验进课堂

演示实验是构成大学物理教学的重要一环，但在实际教学活动中，一般学校往往把演示实验与大学物理课堂教学分开进行。为了更好地发挥演示实验的作用，可采取课堂演示和开放实验室演示两种模式。课堂演示能够更直观地让学生明确物理学是一门实验学科，物理学的发展是与实验密切相关的。开放演示实验室主要以兴趣培养、增强动手能力为指导思想，为学生提供开放、自主的实验环境，以调动学生的学习积极性，激发学生的求知欲，避免常规实验课中学生只是循规蹈矩而积极性受到严重抑制的弊端。

通过以上所述教学模式的改进，学生对大学物理的学习兴趣明显增强，而且学生的求知欲和创造性被极大地激发出来。同时，教师应当始终以一种开放的心态去讲授大学物理。例如，在讲解近代物理的时候，可以告诉学生，尽管利用相对论和量子力学的知识体系确实能够解决生产实践中的问题，但是也有人对这些理论质疑。也许有一天，这些理论还会被完善，甚至修改，但这正是物理学的发展历程。事实上，近代物理还有很多内容没有定论，正如霍金在《时间简史》一书中所说："科学理论只不过是我们用于描述自己所观察结果的数学模型，它只存在于我们的头脑中。"科学领域中还有许多的未知，需要后来人不断努力探究。这样的过程，正是激发学生学习热情和创造性的过程。

第二节 大学物理的教学理念变革

教学理念是教学活动实施的指导性原则，也是课程标准制定时需要着重注意的部分，只有理解和掌握教学基本理念，才能更好地落实和执行当前的教学改革和新的课程标准，进而提高教学质量和教学效果。随着时代发展，教育理念也在不断地更新，为了适应新时代提高学生综合素质能力的要求，大学物理教师必须更新自身的教学理念，同时满足新课程改革的需要。根据当前课程标准与人才培养方案，大学物理课程总体目标是使学生在获取物理知识的同时，掌握物理学研究问题的思想和方法，灵活应用所学物理知识和方法分析与解决实际问题，培养学生严谨求实的科学态度，勇于创新的科学精神及坚忍不拔的科学品格，强调实现学生知识、能力、素质的全面、协调发展，为了实现大学物理课程总体目标，教学过程中教师主要应遵循以下五条基本教学理念。

一、强调学生的主体地位

教育以人为本，学生为主体，教师为主导，教师要调动与引导学生的积极性和主动性，激发学习兴趣和求知欲。之所以强调学生的主体地位，是由于传统教学模式是理论加举例讲授的"注入式"教学，学生是知识的被动接收者，主动性不够，个性受到压抑，其知识范围也被压缩到狭窄而单一的方向上。学生对所学知识都是麻木地接收，靠死记硬背掌握，这样难以开发学生内在潜能及创新性思维，难以培养学生的特长和专长，必将限制学生的成长与进步。

为强调学生主体地位，在教学中，通常根据知识内容特点，注重以教师为主导的兴趣式、启发式、探究式教学模式的运用，教师根据演示或展示的物理现象，激发学生兴趣，提出问题，鼓励学生进行讨论，通过联想、类比等方式大胆猜想假设，引导和启发学生用所学的物理知识来分析问题，解决问题，并帮助学生归纳总结得出初步结论，教师再从理论高度上进行详细讲解和知识补充，揭示问题实质，最后拓展知识内容，并指导学生实践，用所学知识分析解决类似的实际问题，这些教学模式，给学生创造了一个自己动脑、主动发现、探索研究的情景，符合学生的心理特点和认知规律，改变了学生以前那种"只唯书，不质疑；只唯师，不发问；只顺藤摸瓜，不会逆向思维"的弊端，调动学生自主学习的兴趣和热情，实现从"让我学"向"我要学"转变。

二、加强物理思想和方法的渗透

在讲授知识的同时，突出物理学研究问题的科学思想和方法，以思想和方法带动知识的传授。物理思想是智慧的结晶、创新精神的体现，物理方法是成功的实践和解决问题的手段，正所谓"授人以鱼"不如"授人以渔"。

物理学蕴含着丰富的物理思想，如对称性、守恒性、对立统一性思想，等等。运用对称性思想，理解并掌握电磁学中，电生磁、磁生电的相互关系；学习在相对论中，S 参考系与 S′参考系的相互转换等；运用守恒性思想分析动量，角动量，能量，电荷的定恒问题；用对立统一思想理解光的干涉与衍射，光与实物粒子的波粒二象性等。物理学里也包含大量的研究方法，如模型法、类比法、归纳法等等。对于抽象和深奥的物理理论，一个好的物理模型，既直观又形象，往往能化抽象为具体，变复杂为简单，便于学生理解新的理论，实现思维的创新和知识的迁移，在传授知识的同时，也培养了学生的抽象提取、建模能力和分析解决问题的能力，能起到事半功倍的效果。

类比法：在教学中，通过质点与刚体，动量与角动量，电与磁，干涉与衍射等的类比，有助于寻找物理现象之间的内在联系，发现共性，区别个性，从而把握事物的本质。通过把抽象的和具体的类比，未知的和已知的类比，不仅使难点化解，还可以引导学生思考各知识点之间的联系，培养辐射式思维能力，达到举一反三，触类旁通的效果。归纳法用的就更多，比如在静电场中，采用从特殊到一般的分析归纳方法，由点电荷入手，拓展至带电直线，带电圆环，再到带电平面，一般的带电体等等。

应该说，物理思想帮助我们从更高的高度，更广的角度来看待问题，物理方法为我们指出解决问题的有效途径。以思想和方法带动知识的传授，学生在学习知识的同时，也掌握了分析问题的物理思想和方法，才能实现由"学会"向"会学"转变，由"知识"向"能力"的转化。

三、突出能力和素质培养

教师传授学生知识，对于学生而言，知识是工具，而不是目的。只是，仅仅掌握知识是不够的，而应当善于使知识内化为能力，使知识得到消化、吸收与发展，从而提升自身的综合素质。要努力避免"高分低能""有才无德""高学历、低素质"等问题。为此，教师在授课过程中，要注重物理思想方法的传授，促进"知识"向"能力"的转化。对于学生的素质培养，教师应注意挖掘物理学史中素质教育的资源和素材，向学生展示物理学的"真、善、美"。物理学既是科学也是文化，物理学不仅有传播自然科学知识的功能而且有社会教育和传播思想文化功能。物理学是"求真"的，一切严肃而认真的物理学家都坚持"实践是检验真理的唯一标准"这个原则；物理学是"至善"的，物理学致力于为人类服务把人从自然界中解放出来，认识和掌握自然规律为人类创造财富；物理学是"美"的，物理原理的简单美、对称美、结构美、和谐统一美、物理学家们严谨求实，勇于创新的人格之美等等。

四、体现时代感和前沿性

在教学过程中，应紧跟物理学发展动态，把前沿知识内容"普物化"，将新理论、新技术成果以通俗易懂的方式融入教学。物理学是开放的学科，发展的学科，教学内容中要适当增加和充实 21 世纪以来的最新的物理思想与物理知识以及发展动态，开阔学生视野和知识面。比如，在教学中适当引入"混沌、熵与信息、超导、激光三维成像制导、偏振光导航"等近带和现代物理学新知识、新概念，以及新材料、新技术的应用情况，等等，体现物理学的时代感和前沿性。

五、注重理论联系实际

理论联系实际这一教学理念是由物理学课程自身的特点决定的,也是学生能力素质培养的要求。教学过程中,应将理论联系实际,把物理知识与工程技术实际应用有机地结合起来。使学生感觉到物理知识具有重要的应用价值,物理知识不是抽象乏味的,而是与生产生活密切相关的。避免理论与实践的脱节,并且使学生对物理学增加亲近感,激发学生学习兴趣,调动学生学习物理知识的积极性与主动性,产生良好的教学效果。比如,教学中可以结合日常生活中的电晕现象、电磁炉、立体电影等;工程技术中的静电除尘、测速仪、扫描隧穿显微镜;国防军事上的激光武器、电磁炮、陀螺仪,等等,从而培养学生理论联系实际、学以致用的思想。

遵循以上教学理念,在教学过程中将知识、思想、方法和能力有机地联系起来,以物理原理、概念知识为基本,以对称性、守恒性、对立统一性等思想为灵魂,以模型法、对比法等方法为桥梁,以提高分析与解决问题能力为目标,实现知识向能力的转化,再结合物理学发展史的素质教育,最终实现学生知识,能力、素质三者全面协调发展。

第三节 大学物理教材的优化

在大学物理教学改革中,教材现代化是其中不可分割的一部分。在广大物理教育工作者的辛勤努力下,中国目前的大学物理教材建设取得了较大的进展，近几年出现了一系列能反映现代物理学成就，融科学性、思想性、艺术性于一体的好教材。但是，长期以来，学科中心论毕竟一直居于主导地位，教材建设关注课程本身，还远甚于关注学生发展。大学物理教材建设，事实上还有很长的路要走。应该说，教材作为学科教育研究成果，教育性在其中自然具有重要地位。一本好的教材，应该既便于教师的教，又便于学生的学。尤其是学生，作为教材的直接使用者和受益者，他们需要从教材的阅读中获得知识、启迪心智、培养能力。因此，关注物理学习、关注学生发展理当是大学物理教材建设的核心所在。大学物理教材建设中，除了要考虑到物理知识本身的系统性、科学性，还应关注学生的既有认知水平及各方面发展等教育因素。

一、优化物理教材建设的理论依据

教材的基本教育功能应是使学生在学习中获得知识，增长智慧，发展能力。大学物理教材当然也不例外。梁树森在《物理学习论》中指出，物理学习内容可以分成六个大类：物理知识、物理观念、物理学方法、物理知识结构、物理应用和物理技能。其中，物理观念和物理知识结构可以使细节知识上升为整体知识，切实丰富学生的认知结构；物理学方法、物理应用、物理技能则可以使学生在学习中的分析解决问题能力、学习能力以及创造能力等综合能力得到提高，切实提高学生的综合素质。这些都是大学物理教材中应着力体现、优化的地方。另外，学习兴趣的激发，也是教材不可忽视的地方。据调查显示，很多学生对物理学习缺乏兴趣。而这一点，将会导致学生的智力潜能在学习中不能处于最活跃的状态，因而不能达到最优学习效果。如何激发学生的物理学习兴趣，增强物理教材及物理学习对学生的吸引力，是教材建设者必须予以仔细考虑的问题。因此，通过对学生学习时的状态调整——兴趣激发和学习内容六大类型的全面考虑，可以得到优化大学物理教材建设的基本途径。

二、优化物理教材建设的基本途径

（一）融科学、人文于一体，增强教材的趣味性

大学物理教材普遍以严谨的逻辑性见长，在教材的趣味性方面略显不足，鲜有物理教材能紧紧抓住学生的注意力，使其欲罢不能地阅读到底的。在非常强调能力（尤其是自学能力）培养的今天，我们的学生往往还是被动地等待教师讲解教材内容，而不愿主动地去学习，去从教材阅读中汲取营养，这固然有物理抽象难学的原因，但物理教材板着面孔说教，不能给学生以人文关怀，不能激起学生的学习兴趣也是重要原因。所以在优化物理教材建设时，要设法融科学、人文于一体，以增强其趣味性。教材在关注求真（科学性）的同时，还要关注求美（艺术性和趣味性），要让学生在阅读教材过程中，能汲取多重营养，从而能自觉、自愿地去阅读、学习。当前，一些优秀教材中，阅读材料篇幅的增加，可以说，是教材建设者们在该方面努力的结果。不过，阅读材料的内容还可进一步拓展，除了涉及物理知识补充、物理前沿介绍之外，还可涉及科学研究方法、著名物理学家传略、著名实验等。而形式方面，也可再活泼一些。譬如，在引入物理学史相关文化素材时，可以采用旁白、小记甚至幽默的漫画等形式。这样，物理教材的趣味性会得到加强，从而激起学生的求知欲，使其自觉自愿地深入学习下去。

（二）用观念拓展知识内容，加强物理图景的描述

《物理学习论》指出，物理知识由物理现象（包括实验基础）、物理概念和物理规律三要素组成。其中概念、规律在教材中一直占重要地位，实验基础在一些新教材中地位也得到了提升。然而，具体物理知识之上的，范围更广的物理观念在教材中并未得到应有的重视，这使得学生的学习往往止于具体知识的理解，对物理世界的图景只有很模糊的认识。而后者实际上是更为基本的问题，并且深刻地影响前者的学习。所以，物理教材中要设法用观念去拓展具体知识内容，将实验基础、概念、规律这些具体知识放进含有观念的三维空间中去审视，加强对整体物理图景的描述。要使学生既能走进细节知识的学习，又能跳出来，获得整体上的概括的物理图景，即建立基本的物理观念。

（三）使隐含的方法显性化，突出教材的方法论教育

物理学方法是物理学发展中的灵魂，对它的学习可以使学生的认识活动变得有序，直接影响学生能力的培养，因而物理学方法是物理学习的重要内容之一。然而，由于"物理教材往往是以知识内容的体系来表述的，而方法则以分散的形式隐藏在知识的表述之中，学生常常由于未能注意方法的学习而影响知识的获取及应用，方法的隐含性给物理学习带来一定的困难"。所以，在优化教材建设时，可设法使隐含的方法显性化，突出教材的方法论教育。例如，可以通过旁白加小字等形式对物理学方法予以介绍，也可提示学生思考有关方法在概念规律形成过程中所起的作用，以及如何运用等问题。使隐含的方法显性化，突出教材的方法论教育，实际上是将学生能力培养显

性化，提升到与知识传授同等重要的地位。我们说"寓能力培养于知识传授之中"，但这种隐性的能力培养效率太低，也难以充分发挥物理课程在提高学生各种能力方面的独特作用。故而，使隐含的方法显性化，突出教材的方法论教育，是优化物理教材建设必须考虑的途径之一。

（四）突出知识结构，加强教材的纵横联系

对知识结构的学习在物理学习中日益得到重视，然而，这一点在教材中却未能得到很好的反映。教材中各章节基本上是按整体到局部的方式来编排的，学生也很习惯于如此学习。但是，如果没有局部到整体的学习，学习还不能算完成，此时得到的往往是孤立的缺乏联系的具体知识。或许教师很擅长于整体到局部，局部再到整体。然而学生却往往归纳能力较弱，习惯于按部就班地往下走，不知道还要跳出来予以总结，对前后知识加以联系。所以，为了切实提高学生自学能力，教材中在各章、各篇末尾都应增加对知识结构的总结，和前后内容纵横联系的概述。当然，也可以提问的方式引导学生自己去思考、去归纳总结。这样，学生在这种循序渐进的学习中，能力会得到很大提升。

另外，为了使学生在学习或构建知识结构时，能形成具有创新性的逻辑体系，教材在知识体系的编排上，应尽可能使教材的逻辑与历史发展的逻辑相呼应。这是"历史与逻辑一致"的原理所要求的。

（五）改革例题题材形式，发挥例题多元功能

物理教材中，例题占有重要分量，所以有必要挖掘例题的多元功能，使

其在增强教材教育效果中发挥重要作用。毫无疑问,例题的基本功能是帮助学生消化概念和规律。事实上,它还可以融进物理学方法的介绍、训练,可以作为现代技术前沿的接口,开阔学生眼界等。教材中可以通过改革例题(包括习题)的题材和形式来发挥它的多元功能。

参 考 文 献

[1]教育部高等学校物理学与天文学教学指导委员会，物理基础课程教学指导分委员会. 理工科类大学物理课程教学基本要求 理工科类大学物理实验课程教学基本要求(2010 年版) [M].北京：高等教育出版社，2011.

[2]教育部高等学校指导委员会.普通高等学校本科专业类教学质量国家标准（上）[S].北京：高等教育出版社，2018.

[3]韦维，景佳.非物理专业大学生物理实验教学的探讨与优化[A]//第十届全国高等学校物理实验教学研讨会论文集（上）[C].青岛：中国高等学校实验物理教学研究会，2018.

[4]郑林，许济金，邱祖强.大学物理实验[M].北京：高等教育出版社，2015.

[5]仝亮，武文远，宋阿羚."互联网+"时代大学物理实验教学改革思考[A]//第十届全国高等学校物理实验教学研讨会论文集（下）[C].青岛：中国高等学校实验物理教学研究会，2018.

[6]盖磊，刘海霞，姜永清.大学物理综合设计实验手机辅助教学 APP 建设研究[A]//第十届全国高等学校物理实验教学研讨会论文集（下）[C].青岛：中国高等学校实验物理教学研究会，2018.

[7]弗·卡约里.物理学史[M]. 戴念祖，译.北京：中国人民大学出版社，2010.

[8]张美茹，吴福根，卫小波. 构建以学生为中心的大学物理实验课程自选教学体系[J]. 中国现代教育装备，2010（9）：172-173.

[9]支鹏伟.大学物理教学改革的探索与思考[J].太原大学教育学院学报，

2010，28（1）：33-35.

[10]程丹．大学物理实验教学改革的探讨[J]．现代交际，2011（5）：187.

[11]马艳梅．大学物理实验教学体系的改革与探索[J]．中国电力教育，2011（19）：138-139.

[12] 陈中钧，俞眉孙.大学物理实验教学的思考与建议[J].实验技术与管理，2014，31（4）：186-188.

[13]肖立娟.大学物理实验教学的现状与教学改革的探究[J].大学物理实验，2015，28（6）：114-116.

[14]范婷，刘云虎.探究型教学模式下大学物理实验的改革与实践[J].大学物理实验，2016，29（2）：149-151.

[15]刘正峰.研究性教学与实践性教学:我国高校教学改革的法律分析[J].现代教育管理，2011（1）：79-83.

[16]马宁生，吕军，方恺.大数据背景下的大学物理实验教学改革[J].物理实验，2016，36（12）：26-30.

[17]汪静，迟建卫，曲冰.教学与科学研究交融的物理实验创新设计[J].大学物理实验，2016，29（6）：127-130.

[18]赵丽特，王喜建，范海陆.数字化、网络化的大学物理实验教学改革探讨[J].大学物理实验，2015，28（1）：113-115.

[19]陈琳英,大学物理实验教学改革探讨[J].大学教育,2014（6）：111-112.

[20]王婧,大学物理实验课程考试改革方法探索[J].大学物理实验,2017，30（6）：133-135.